广西水库入库洪水分析及应用

滕培宋 杨静波 梁学文 廖文凯 刘文丽 等 著

中国水利水电出版社

www.waterpub.com.cn

·北京·

内 容 提 要

本书全面系统地论述了水库防洪应急体系及洪水预报的理论与实践。主要内容包括：水库基本知识，包括水库特征水位和特征库容以及入库洪水基本知识；广西水库洪水预报现状，包括广西水库基本概况、水库防洪现状、水库报汛及服务成效、存在问题；入库洪水分析方法，包括水量平衡法、合成流量法、水文学方法；入库洪水分析应用；水库调洪计算；应用实例。

全书理论与实例相结合，内容翔实，层次分明，具有较强的实用性。本书可供水利水电工程与管理、水文学与水资源、防灾减灾等相关专业的科研和管理人员参考使用，也可供大专院校相关专业师生参考阅读。

图书在版编目（ＣＩＰ）数据

广西水库入库洪水分析及应用 / 滕培宋等著. -- 北京：中国水利水电出版社，2023.6
ISBN 978-7-5226-1588-2

Ⅰ．①广… Ⅱ．①滕… Ⅲ．①水库－洪水－水文分析－广西 Ⅳ．①TV697.1

中国国家版本馆CIP数据核字(2023)第115177号

书　名	**广西水库入库洪水分析及应用** GUANGXI SHUIKU RUKU HONGSHUI FENXI JI YINGYONG
作　者	滕培宋　杨静波　梁学文　廖文凯　刘文丽　等著
出版发行	中国水利水电出版社 （北京市海淀区玉渊潭南路1号D座　100038） 网址：www.waterpub.com.cn E-mail：sales@mwr.gov.cn 电话：（010）68545888（营销中心）
经　售	北京科水图书销售有限公司 电话：（010）68545874、63202643 全国各地新华书店和相关出版物销售网点
排　版	中国水利水电出版社微机排版中心
印　刷	清淞永业（天津）印刷有限公司
规　格	140mm×203mm　32开本　3.5印张　135千字
版　次	2023年6月第1版　2023年6月第1次印刷
定　价	**38.00元**

本书编委会

审核： 伍伟星　黄　凯

主编： 滕培宋　杨静波　梁学文　廖文凯
　　　　刘文丽

参编： 吴立愿　黄建波　梁廖兰兰

　　　　潘　越　班华珍　黄雪玲

广西洪水灾害具有频发性、连续性、周期性、季节性、区域性以及旱涝并存、旱涝交替、灾情严重等特征。

广西大部分小型水库建设标准偏低。近年来，国家虽然投入了大量资金用于水库除险加固，但由于中小型水库分布面广量大，还没有从根本上解决问题，水库安全度汛仍是广西防汛工作的重点和难点。

水库安全度汛是防洪安全的重要组成部分。水利部部长李国英多次在安排部署水库安全度汛工作时强调，要把预报、预警、预演、预案作为水库安全度汛的关键抓手，逐一落实到位。因此，做好水库入库洪水预报预警服务，确保水库影响区人民群众的生命安全，是新时期防洪减灾工作赋予水文情报服务的新需求，是体现认真落实习近平总书记关于防灾减灾救灾和水库大坝安全重要讲话指示批示精神，牢固树立风险意识和底线思维，践行保障人民群众生命财产安全职责勇于担当的具体举措之一。

为水利强监管，尤其是为水库运行安全提供优质的入库洪水信息服务是水文部门的职责，为更好指导广西各级水文部门和水库管理部门开展入库洪水分析及服务，特编制本专著。

在专著编制过程中，得到了广西壮族自治区水利厅的大力支持以及广西重点研发项目"广西中小型水库洪水风险快速识别与动态预警关键技术研究"（2019AB20003）的资助，在此表示由衷感谢。

由于编者水平有限、部分资料缺失、资料年限不全等问题，难免存在错漏，敬请批评指正。

目录

1 水库基本知识

1.1 水库特征水位和特征库容

水库是指在河道、山谷或低洼地有水源，或从另一河道引入水源的地方修建挡水坝或堤堰，形成具有拦洪蓄水和调节水量功能，且总库容大于等于 10 万 m^3 的水利工程。

水库的规划设计，首先要合理确定各种特征库容和相应的特征水位，如图 1-1 所示。这些特征水位和特征库容，通常有以下几种：

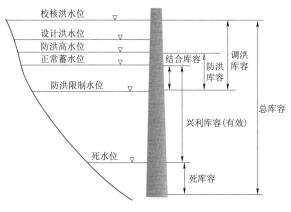

图 1-1　水库特征图

（1）死水位（$Z_死$）和死库容（$V_死$）。死水位（inactive water level）是指在正常运用情况下，允许消落到的最低水位，又称设计低水位。死水位以下的水库容积称为死库容（dad storage）。水库正常运行时一般不能低于死水位。

（2）防洪限制水位（$Z_{限}$）和结合库容（$V_{结}$）。防洪限制水位指的是水库在汛期允许兴利蓄水的上限水位，也是水库在汛期防洪运用时的起调水位，又称为汛期限制水位（简称汛限水位）。兴建水库后，为了汛期安全泄洪和减少泄洪设备，常要求预留一部分库容作为拦蓄洪水和削减洪峰之用。这个水位以上的库容就是作为滞蓄洪水的库容。只有在出现洪水时，水库水位才允许超过防汛限制水位。当洪水消退时，水库水位应回降到防洪限制水位。

防洪限制水位应尽可能定在正常蓄水位之下，以减少专门的防洪库容，特别是当水库溢洪道设闸门时，一般闸门高程和正常蓄水位齐平，而防洪限制水位就常定在正常蓄水位之下。正常蓄水位至防洪限制水位之间的水库容积，也称结合库容、共用库容。

（3）正常蓄水位（$Z_{蓄}$）和兴利库容（$V_{兴}$）。正常蓄水位指的是水库在正常运用情况下，为满足兴利部门枯水期的正常用水，水库在供水开始时应蓄到的最高水位，又称为正常高水位。正常蓄水位到死水位之间的深度，称为消落深度，又称为工作深度。

水库正常蓄水位的选择是个重要问题，涉及技术、经济、政治、社会环境影响等方面，需要全面综合考虑确定，一般主要考虑兴利的实际需要；考虑淹没、浸没情况；考虑坝址及库区的地形地质条件；考虑河段上下游已建和拟建水库枢纽情况。

（4）防洪高水位（$Z_{防}$）和防洪库容（$V_{防}$）。防洪高水位（maximum flood prevention level）指的是当水库下游有防洪要求时，遇到下游防护对象的设计标准洪水时，水库经调洪后达到的最高水位。它是判断为下游防洪和保坝调洪的界限水位，只有水库承担下游防洪任务时，才需确定此水位。

防洪高水位至防洪限制水位之间的水库容积称为防洪库容（flood prevenction capacity）。

（5）设计洪水位（$Z_{设洪}$）和拦洪库容（$V_{拦}$）。当遇到大坝设计标准洪水时，水库经调洪后，坝前达到的最高水位称为设计洪水位。设计洪水位与防洪限制水位间的水库容积为拦洪库容。

（6）校核洪水位（$Z_{校洪}$）和调洪库容（$V_{调洪}$）。校核洪水位指的是当遇到大坝校核标准洪水时，水库经调洪后，坝前达到的最高水位。它是水库在非常运用情况下，允许临时达到的最高洪水位。校核洪水位至防洪限制水位间的水库容积为调洪库容。

（7）总库容（$V_{总}$）。校核洪水位以下的全部水库容积就是水库的总库容，既 $V_{总}＝V_{死}＋V_{兴}＋V_{调洪}－V_{结}$，总库容是表示水库工程规模的代表性指标，可作为划分水库等级、确定工程安全标准的重要依据。

通常按照总库容的大小，把水库分为以下 5 级：

大（1）型水库：总库容在 10 亿 m³ 以上；

大（2）型水库：总库容为 1 亿～10 亿 m³；

中型水库：总库容为 0.1 亿～1 亿 m³；

小（1）型水库：总库容为 0.01 亿～0.1 亿 m³；

小（2）型水库：总库容为 0.001 亿～0.01 亿 m³。

1.2 入库洪水基本知识

1.2.1 入库洪水的概念及特点

入库洪水是水库建成后汇入水库周边的洪水。一般由入库断面洪水、入库区间洪水和库面洪水三部分组成，其中入库断面洪水是回水末端附近各干支流洪水或某计算断面以上流域产生的洪水；入库区间洪水是干支流各水文站以下到水库周边区间流域面积上产生的洪水；库面洪水是库面降水直接形成的洪水。入库洪水与建库前坝址洪水：

（1）入库洪水洪峰增高、峰形更尖瘦。由入库洪水的组成可以看出，入库洪水在水库周边汇入，坝址洪水是在坝址断面的出流，两者的流域调节程度不同。建库后，回水末端到坝址处的河道被回水淹没成为库区，原河槽调蓄能力丧失，再加上干支流和区间陆面洪水常易于遭遇，使得入库洪水的洪峰增高，峰形更尖瘦。

（2）入库洪水洪量增大。水库建成后，上游干支流和区间陆面流域面积的产流条件相同，而水库回水淹没区（库面）由原来的陆面变为水面，产流条件相应发生了改变。在洪水期间库面由陆地产流变为水库水面直接承纳降水，由原来的陆面蒸发损失变为水面蒸发损失。一般情况下，洪水期间库面的蒸发损失不大，可以忽略不计。因此，库区水面产流比陆面产流大，同样的降水量建库后入库流量比建库前大。

（3）入库洪水汇流时间缩短，入库洪峰流量出现时间提前，涨水段的洪量增大。建库前，流域汇流时间为坡面和河道（至坝址断面处）的汇流时间。建库后，洪水由于干支流的回水末端和周边入库，因而流域总的汇流时间缩短，入库洪峰流量出现的时间相应提前。库面降雨的洪量一般集中于涨水段。因此，入库洪水涨水段的洪量占一次洪水总量的比重，一般较建库前的坝址洪水增大。此外，由于流域汇流时间缩短，也造成了前述的干支流与区间陆面洪水常易于遭遇。

1.2.2 预报预警的概念及意义

水文预报是根据历史实测的水文观测数据序列用严谨的预测预报技术对未来一定时期内的水文情势作出定性或定量的预测。水文情势广义上指对预报水文状态有影响的一切信息，实际工作中最常用的是水文与气象要素信息，如降水、蒸发、流量、水位、冰情、气温和含沙量等观测信息。预报的水文状态可以是水文要素也可以是水文特征量，不同的状态预报要求的已知信息不同、预报的方法也不同，预报的水文特征量和预见期均不同。通常洪水预报的水文要素主要有洪峰流量（水位）、洪峰出现时间、洪量（径流量）和洪水过程等。

当前水库安全度汛是防洪安全的重要组成部分，也是最大的短板环节。水利部部长李国英多次在安排部署水库安全度汛工作时强调，要把预报、预警、预演、预案作为水库安全度汛的关键抓手，逐一落实到位。并对水库防洪提出更高要求，常需水库错峰、蓄洪以减轻灾害等。因此，水库洪水及早准确预报、科学调度，可以大大减少洪灾损失。国内许多成功水库调度经验证明，水情预报提前并准确，水库可以科学蓄水，增加兴利效益。我国许多大型水电站和综合利用的水库如新安江水电站和青山水库，正是由于采用先预报后调度模式，其发电效益和综合利用效益比不利用预报信息的调度模式效益更高。

由此可见，做好水库入库洪水预报预警服务，确保水库及影响区人民生命安全，是新时期防洪减灾工作赋予水文情报服务的新需求，是体现认真落实习近平总书记防灾减灾救灾和水库大坝安全重要讲话指示批示精神，牢固树立风险意识和底线思维，践行保障人民群众生命财产安全职责勇于担当的具体举措之一。

1.2.3 水库泄洪

水库泄洪指的是水库开闸排泄洪水。水库泄洪分两种情况：一是提前泄洪，为强降雨腾出库容；二是由于持续性强降雨导致水库水位快速上涨，为避免洪水漫溢或水库坝、堤堰溃塌而造成严重的灾害，紧急开闸向下游泄洪区排水。

目前水库泄洪主要分为按规程调度下泄和自由下泄两种。

（1）按规程调度下泄。水库泄洪过程中，严格按照有关管理部门下达的调度规程所确定的判别条件（如防洪特征库水位、入库洪峰流量等）决定水库的蓄泄量，在水库防洪标准以内按下游防洪要求调度，来水超过水库防洪标准，则以保大坝安全为主进行调度。下面以龙滩水库和贵港航运枢纽为例，说明按规程调度下泄原则。

龙滩水库调度规则如下:

1) 当梧州站涨水时,若梧州流量不大于 $25000m^3/s$,控制水库下泄流量不大于 $6000m^3/s$;否则,控制水库下泄流量不大于 $4000m^3/s$。

2) 当梧州站退水时,若梧州流量不小于 $42000m^3/s$,控制水库下泄流量不大于 $4000m^3/s$;否则,控制出库流量不大于入库流量。

3) 水库拦洪期间如库水位达到 375.00m,水库加大泄量,控制出库流量不大于入库流量,确保库水位不超过 381.84m。

4) 当入库洪水开始消退后,控泄洪水,视下游洪水和工程情况,尽快将库水位降至汛限水位。

贵港航运枢纽调度规则如下:

1) 共安装 4 台机组,每台满发时最大流量为:$401m^3/s$;总流量为 $1604m^3/s$(正常蓄水位为 43.10m)。

2) 当来水流量小于 $3000m^3/s$ 时,控制坝前水位为 42.80~43.40m。

3) 当来水流量为 $3000 \sim 5000m^3/s$ 时,控制坝前水位为 41.50~43.10m。

4) 当来水流量为 $5000 \sim 7000m^3/s$ 时,控制坝前水位为 41.10~41.50m。

5) 当来水流量大于 $7000m^3/s$ 时,控制坝前水位为闸门逐步全部打开。

广西大部分水电站和大型水库均是按规程调度下泄。

(2) 自由下泄。水库溢洪道无闸门控制,当库水位高于溢洪道堰顶后,水流沿溢洪道自由下泄,不受闸门控制的泄洪方式。

绝大部分小型水库及部分中型水库为无闸门控制的自由下泄。

2 广西水库洪水预报现状

2.1 广西水库基本概况

2.1.1 数量与分布

广西全区总库容为 10 万 m^3 及以上的水库共 4556 座，总库容 717.99 亿 m^3，其中，兴利库容 290.30 亿 m^3，防洪库容 129.48 亿 m^3。全区水库总体呈现内陆区多、沿海区少，山丘型多、平原型少的特点。内陆地区共有水库 3984 座，占全区水库数量的 87.50%，水库总库容 687.98 亿 m^3，占全区水库总库容的 95.82%；沿海地区共有水库 572 座，占全区水库数量的 12.5%，水库总库容 30.05 亿 m^3，占全区水库总库容的 4.18%。

据 2021 年统计数据，按水库规模分类，全区共有大型水库 61 座，总库容 601.55 亿 m^3；中型水库 231 座，总库容 68.05 亿 m^3；小型水库 4265 座，总库容 48.42 亿 m^3。全区不同规模水库数量与总库容见表 2-1 及图 2-1。

表 2-1　　　　　　　全区不同规模水库数量与总库容

项　目	合计	大型水库			中型水库	小型水库		
		小计	大（1）型	大（2）型		小计	小（1）型	小（2）型
水库数量/座	4556	61	9	52	231	4264	1172	3092
总库容/亿 m^3	717.99	601.55	419.16	182.39	68.05	48.42	36.81	11.62
兴利库容/亿 m^3	290.30	220.11	168.30	51.81	38.22	31.97	24.00	7.97
防洪库容/亿 m^3	129.48	115.02	98.61	16.52	8.88	5.58	4.38	1.20

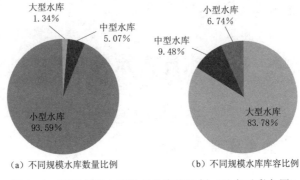

(a) 不同规模水库数量比例　　　　　(b) 不同规模水库库容比例

图 2-1　不同规模水库数量及库容比例（见书后彩色图）

　　按流域划分，左江及郁江干流、桂南诸河流域水库数量分别为 930 座、718 座，分别占全区水库数量的 20.57%、15.88%；柳江、桂贺江、红水河、黔得江及西江（梧州以下）、右江流域的水库数量分别为 630 座、539 座、480 座、475 座和 452 座，分别占全区水库数量的 13.93%、11.92%、10.61%、10.50% 和 10.00%。不同水资源区水库数量与库容见表 2-2 和图 2-2。从水库库容看，红水河流域和左江及郁江干流流域水库总库容较大，分别为 240.76 亿 m^3 和 136.75 亿 m^3，分别占全区水库总库容的 36.20% 和 20.56%；右江流域和黔得江及西江（梧州以下）流域水库总库容分别为 105.19 亿 m^3 和 68.68 亿 m^3，占全区水库总库容的 15.82% 和 10.33%。

　　从水库规模看，左江及郁江干流流域、右江流域和桂贺江流域大型水库数量较多，分别为 15 座、10 座和 10 座，占全区大型水库数量的 24.59%、16.39% 和 16.39%。

　　从行政区划看，南宁市、玉林市、桂林市、钦州市、百色市和柳州市 6 市水库较多，水库数量分别为 757 座、479 座、439 座、393 座、361 座和 353 座，分别占全区水库数量的 16.65%、10.51%、9.64%、8.63%、7.92% 和 7.75%。不同地市级行政区水库数量见表 2-3，不同地市级行政区水库数量分布见图 2-3。

表 2—2　不同水资源区水库数量与库容

项目		左江及郁江干流	桂南诸河	柳江	桂贺江	红水河	黔得江及西江（梧州以下）	右江	湘江衡阳以上	粤西诸河	南盘江	资水冷水江以上	盘龙江	沅江浦市镇以上
合计	水库数量/座	930	718	630	539	480	475	452	124	106	48	10	9	1
	总库容/亿 m³	136.75	36.89	16.44	45.28	240.76	68.68	105.19	8.23	2.9	3.42	0.2	0.33	0.02
	兴利库容/亿 m³	30.71	19.7	8.02	23.27	136.04	9.86	47.41	5.33	1.62	0.76	0.15	0.21	0.01
	防洪库容/亿 m³	11.36	6.47	1.21	5.45	74.71	0.99	23.8	1.59	0.53	0.72	0	0.0018	0.0008
大型	数量/座	15	5	8	10	7	2	10	2	1	1			
	总库容/亿 m³	113.64	21.62	48.98	30.29	228.48	59.33	92.21	2.96	1.25	2.78			
中型	数量/座	48	32	41	24	22	16	27	12	5	2	1	1	
	总库容/亿 m³	13.9	6.29	12.85	8.22	6.29	4.99	7.84	3.98	0.74	0.42	0.11	0.22	
小型	数量/座	867	681	615	505	451	457	415	110	100	45	9	8	1
	总库容/亿 m³	9.2	6.79	7.52	6.77	5.99	4.36	5.14	1.3	0.91	0.053	0.09	0.12	0.0204

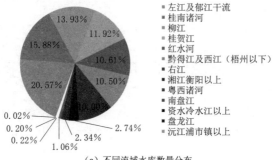

左江及郁江干流
桂南诸河
柳江
桂贺江
红水河
黔得江及西江（梧州以下）
右江
湘江衡阳以上
粤西诸河
南盘江
资水冷水江以上
盘龙江
沅江浦市镇以上

（a）不同流域水库数量分布

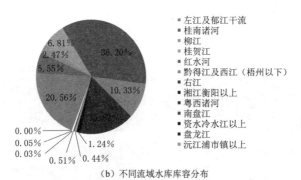

左江及郁江干流
桂南诸河
柳江
桂贺江
红水河
黔得江及西江（梧州以下）
右江
湘江衡阳以上
粤西诸河
南盘江
资水冷水江以上
盘龙江
沅江浦市镇以上

（b）不同流域水库库容分布

图 2-2 不同水资源区水库数量与库容分布（见书后彩色图）

广西区内水库总库容分布呈现西北部地区较大，东南部地区较小的特点。从地市级行政区划看，河池市总库容最大，达 217.5 亿 m³，占全区水库库容总量的 30.29%；其次为百色市及南宁市，水库库容分别为 102.52 亿 m³、97.72 亿 m³，占全区水库库容总量的 14.28%、13.61%。3 座沿海城市防城港市、钦州市与北海市水库库容较小，分别为 11.6 亿 m³、9.5 亿 m³ 和 8.94 亿 m³，占全区水库库容总量的 1.62%、1.32%、1.25%。地市级行政区水库库容见表 2-3，地市级行政区水库库容分布见图 2-3。

表 2 - 3 不同地市级行政区水库数量与库容

	项　目	南宁市	玉林市	桂林市	钦州市	百色市	柳州市	贵港市	来宾市	贺州市	崇左市	梧州市	河池市	防城港市	北海市
合计	水库数量/座	757	479	439	393	361	353	292	292	284	256	240	231	142	37
	总库容/亿 m³	97.72	21.64	31.55	9.5	102.52	53.26	26.69	25.39	15.87	26.43	69.41	217.5	11.6	8.94
	兴利库容/亿 m³	23.11	12.29	20.05	5.29	44.93	7.83	10.94	9.1	8.58	5.53	5.89	127.92	5.02	3.8
	防洪库容/亿 m³	10.04	6.26	4.86	0	23.87	2.64	1.92	2.53	1.31	0	1.76	71.78	1.8	0.67
大型	数量/座	9	2	6	2	9	5	6	2	3	4	4	6	2	1
	总库容/亿 m³	80.98	11.5	13.68	3.19	91.43	44.83	19.7	18.53	10.13	16.44	65.44	206.19	9.35	7.14
中型	数量/座	27	28	36	7	24	20	16	13	8	19	7	15	5	4
	总库容/亿 m³	8.37	5.76	12.87	2.36	7.47	5.13	4.48	3.3	1.77	7.01	2.13	4.94	1.17	1.29
小型	数量/座	721	449	397	382	328	328	270	277	273	233	229	210	135	32
	总库容/亿 m³	8.37	4.37	5.01	3.95	3.62	3.296	2.5	3.56	3.97	2.98	1.84	3.37	1.07	0.51

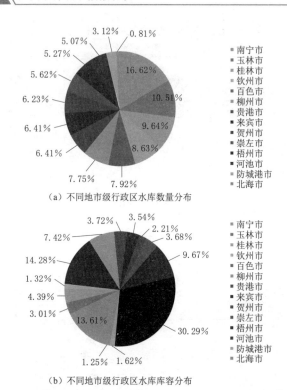

（a）不同地市级行政区水库数量分布

（b）不同地市级行政区水库库容分布

图 2-3　不同地市级行政区水库数量与库容分布（见书后彩色图）

从水库规模看，南宁市、百色市大型水库数量较多，均为 9 座，占全区大型水库数量的 14.75％；其次为桂林市、贵港市和河池市，其大型水库数量为 6 座，占全区大型水库数量的 9.84％。北海市大型水库数量最少，仅有 1 座大型水库，占全区大型水库数量的 1.64％。

2.1.2　功能与作用

水库的功能与作用共 6 大类，分别为防洪、发电、供水、灌溉、航运和养殖，绝大多数水库具有灌溉功能，占 94.5％，仅有 24 座水库具有航运功能。全区水库库容中发电库容最大，为

426.54 亿 m³；养殖库容最小，为 120.05 亿 m³，见表 2 - 4。

表 2 - 4 　　　　　　不同功能与作用下水库数量与库容

项目	防洪	发电	供水	灌溉	航运	养殖
水库数量/座	1676	394	2169	4307	24	1817
总库容/亿 m³	409.86	426.54	323.39	326.78	249.03	120.05

防洪功能中，1 级防洪功能的水库数量最多，达 1291 座，5 级防洪功能的水库最少。从库容看，2 级防洪功能的水库总库容最大，为 292.32 亿 m³，且 2 级防洪功能的大型水库数量最多，为 12 座，见表 2 - 5。

表 2 - 5 　　　　　　不同防洪等级下水库数量与库容

项　　目		1 级	2 级	3 级	4 级	5 级
合计	水库数量/座	1291	265	183	26	2
	总库容/亿 m³	78.79	292.32	26.57	12.17	0.0045
大型水库	数量/座	11	12	5	3	0
中型水库	数量/座	78	29	13	5	0
小型水库	数量/座	1202	224	165	18	2

发电功能中，2 级发电功能的水库数量最多，达 227 座；总库容最大，为 229.64 亿 m³；大型水库数量最多，为 30 座。4 级发电功能的水库最少，且库容最小，见表 2 - 6。

表 2 - 6 　　　　　　不同发电等级下水库数量与库容

项　　目		1 级	2 级	3 级	4 级
合计	水库数量/座	92	227	59	16
	总库容/亿 m³	147.03	229.64	44.18	5.69
大型水库	数量/座	15	30	7	2
中型水库	数量/座	41	60	29	12
小型水库	数量/座	36	137	23	2

供水功能中，2 级供水功能的水库数量最多，达 1382 座，5 级供水功能的水库数量最少，仅有 2 座。从库容看，3 级供水功能的水库总库容最大，为 182.57 亿 m^3，且 3 级供水功能的大型水库数量最多，为 10 座，见表 2−7。

表 2−7　　　　　　　不同供水等级下水库数量与库容

项　目		1 级	2 级	3 级	4 级	5 级
合计	水库数量/座	501	1382	236	48	2
	总库容/亿 m^3	23.30	87.70	182.57	29.74	0.072
大型水库	数量/座	5	9	10	4	0
中型水库	数量/座	22	64	196	6	0
小型水库	数量/座	474	1309	30	38	2

灌溉功能中，1 级灌溉功能的水库数量最多，达 4017 座；总库容最大，为 142.75 亿 m^3；大型水库数量最多，为 17 座。5 级灌溉功能的水库最少，仅有 1 座小型水库且库容最小，见表 2−8。

表 2−8　　　　　　　不同灌溉等级下水库数量与库容

项　目		1 级	2 级	3 级	4 级	5 级
合计	水库数量/座	4017	201	26	62	1
	总库容/亿 m^3	142.75	105.77	11.67	66.58	0.0029
大型水库	数量/座	17	9	2	3	0
中型水库	数量/座	145	26	3	3	0
小型水库	数量/座	3855	166	21	56	1

航运功能中，2 级航运功能的水库数量最多，达 12 座，且 2 级航运功能的大型水库数量最多，为 11 座，6 级航运功能的水库最少，仅有 1 座。从库容看，1 级航运功能的水库总库容最大，为 107.5 亿 m^3，见表 2−9。

表 2-9　　　　　不同航运等级下水库数量与库容

项　　目		1 级	2 级	3 级	6 级
合　计	水库数量/座	7	12	4	1
	总库容/亿 m³	107.5	105.5422	34.95194	1.03695
大型水库	数量/座	7	11	3	1
中型水库	数量/座	0	0	0	0
小型水库	数量/座	0	1	1	0

　　养殖功能中，3 级养殖功能的水库数量最多，达 908 座；6 级养殖功能的水库数量最少，仅有 4 座。从库容看，2 级养殖功能的水库总库容最大，为 46.47 亿 m³；3 级养殖功能的水库大型水库数量最多，为 5 座，见表 2-10。

表 2-10　　　　　不同养殖等级下水库数量与库容

项　　目		1 级	2 级	3 级	4 级	5 级	6 级
合　计	水库数量/座	4	846	908	50	5	4
	总库容/亿 m³	0.16	46.47	32.86	36.86	3.58	0.12
大型水库	数量/座	0	2	5	1	2	0
中型水库	数量/座	1	22	37	21	3	0
小型水库	数量/座	3	822	866	28	0	1

2.1.3　水库大坝情况

　　水库挡水主坝可按照材料或者结构分类。

　　不同材料挡水主坝水库中，土坝数量最多，为 4153 座，占全区水库数量的 91.44%；浆砌石坝、混凝土坝水库数量分别为 210 座、135 座，分别占全区水库数量的 4.62%、2.97%。按材料分类的挡水主坝水库数量与库容见表 2-11 和图 2-4。从水库库容看，混凝土坝和碾压混凝土坝水库总库容较大，分别为 245.18 亿 m³ 和 238.68 亿 m³，分别占全区水库总库容的 36.21% 和 35.25%；堆石坝和其他类型水库总库容较小，分别为 6.69 亿 m³ 和 0.15 亿 m³，占全区水库总库容的 0.99% 和 0.02%。

表 2-11 按材料分类的挡水主坝水库数量与库容

项 目		堆石坝	混凝土坝	浆砌石坝	碾压混凝土坝	其他	土坝
合计	水库数量/座	24	135	210	11	9	4153
	总库容/亿 m³	6.69	245.18	34.48	238.68	0.15	152.00
水库类型	大型水库 数量/座	1	27	6	6	0	18
	中型水库 数量/座	8	35	0	3	0	152
	小型水库 数量/座	15	73	173	2	9	3983
主坝级别	1 数量/座	0	4	0	2	0	2
	2 数量/座	1	20	6	4	0	16
	3 数量/座	8	34	31	0	0	153
	4 数量/座	5	56	77	1	3	1026
	5 数量/座	10	21	96	1	6	2956

从水库规模看，混凝土坝和土坝大型水库数量较多，分别为 27 座和 18 座，占全区大型水库数量的 46.55% 和 31.03%；堆石坝大型水库较少，仅 1 座。

按照主坝等级看，混凝土坝水库中 1 级主坝水库最多，为 4 座，其次为碾压混凝土坝水库，有 2 座。其余材料挡水主坝水库没有 1 级主坝。

不同结构挡水主坝水库中，均质坝水库最多，为 3237 座，占全区水库数量的 71.27%；心墙坝和重力坝水库数量分别为 888 座、268 座，分别占全区水库数量的 19.55%、5.90%。按结构分类的挡水主坝水库数量与库容见表 2-12 和图 2-5。从水库库容看，重力坝水库总库容较大，为 496.80 亿 m³，占全区水库总库容的 73.36%；其次为均质坝和心墙坝水库总库容，分别

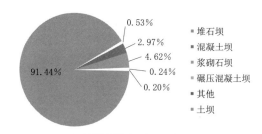

（a）不同材料挡水主坝水库数量分布

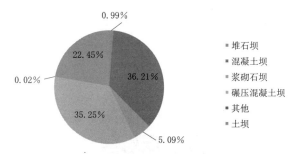

（b）不同材料挡水主坝水库库容分布

图 2-4   按材料分类的挡水主坝水库数量与库容分布（见书后彩色图）

为 84.73 亿 m^3 和 66.86 亿 m^3，占全区水库总库容的 19.55% 和 5.90%；斜墙坝总库容较小，为 1.05 亿 m^3，占全区水库总库容的 0.16%。

表 2-12   按结构分类的挡水主坝水库数量与库容

项　　目		拱坝	均质坝	面板坝	其他	斜墙坝	心墙坝	支墩坝	重力坝
合计	水库数量/座	70	3237	15	17	33	888	14	268
	总库容/亿 m^3	10.14	84.73	6.28	6.45	1.05	66.86	4.87	496.80
水库类型	大型水库　数量/座	2	9	1	1	0	9	1	35
	中型水库　数量/座	12	104	7	1	3	47	5	50
	小型水库　数量/座	56	3124	7	15	30	832	8	183

17

续表

	项 目		拱坝	均质坝	面板坝	其他	斜墙坝	心墙坝	支墩坝	重力坝
主坝级别	1	数量/座	0	0	0	0	0	2	0	6
	2	数量/座	2	9	1	1	0	7	1	29
	3	数量/座	12	104	7	1	3	47	5	50
	4	数量/座	29	759	4	4	10	257	5	100
	5	数量/座	27	2365	3	11	20	575	3	83

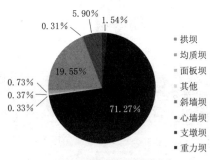

（a）不同结构挡水主坝水库数量分布

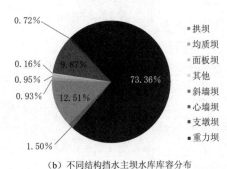

（b）不同结构挡水主坝水库库容分布

图 2-5　按结构分类的挡水主坝水库数量与库容分布（见书后彩色图）

从水库规模看，重力坝类型水库中大型水库数量较多，为35座，占全区大型水库数量的57.38%；其次为均质坝和心墙坝类型，均有9座大型水库；斜墙坝没有大型水库。

按照主坝等级看，重力坝类型水库中1级主坝水库最多，为6座，其次心墙坝类型水库中有2座1级主坝。其余结构类型挡水主坝水库没有1级主坝。

2.1.4 水库建成年代

不同建成年代水库中，新中国成立前建造水库20座，新中国成立后至改革开放时期建成水库最多，共4158座。改革开放后建造水库359座。其中，1956—1960年建成的水库最多，分别为262座、430座、761座、325座和205座，分别占全区水库的5.77%、9.48%、16.77%、7.16%和4.52%，见图2-6。2007年建造水库的总库容最大，为207.66亿 m^3，其次是2006年、2010年、1960年，分别为69.84亿 m^3、56.70亿 m^3 和50.62亿 m^3，见图2-7。从水库规模看，1960年建造的大型水库数量最多，为9座；其次是2007年及2008年，分别建造5座、4座大型水库，见图2-8。

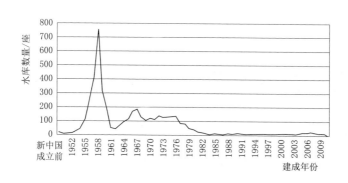

图2-6 不同建成年代水库数量分布曲线

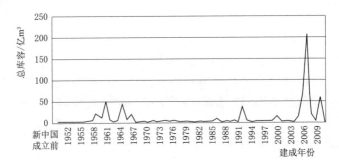

图 2-7 不同建成年代水库库容分布曲线

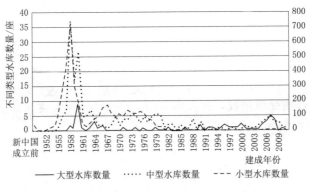

图 2-8 不同建成年代水库类型分布曲线

2.2 水库防洪现状

2.2.1 水库洪水

广西地势呈西北高东南低的趋势，利于南面海洋水汽深入内陆，而海陆分布差异产生边界层加热带，易触发中尺度天气系统产生，导致暴雨频繁出现。受地势的影响，广西诸多河流自西北流向东南，干流横贯其中，支流分布两侧，形成以梧州为汇合点的树枝状水系，上游洪水迅速向干流汇集，中下游河谷区洪水宣泄不及而造成洪涝灾害。

此外，广西山多平地少，大部分区域属于山区地带，山谷风效应对暴雨洪水也有一定增强作用，加剧了洪涝灾害的严重性和频繁性。同时，广泛的岩溶地貌分布（约占全区总面积的51%）也是导致广西水旱灾害频繁的自然地理因素之一。降水通过众多的岩溶、溶沟、溶隙、漏斗和落水天窗迅速汇集到地下河，洪水受到暗河卡口宣泄不及，致使洪涝灾害加重。

广西洪水灾害的特性表现在具有频发性、连续性、周期性、季节性、区域性及旱涝并存、旱涝交替、灾情严重等特点。

水库在拦洪削峰和提高水资源利用效益等方面发挥巨大作用的同时，也给水利系统安全度汛带来极大风险。就广西而言，水库失事仍时有发生。如2008年7月13日凌晨，横县石塘镇三托水库因连日暴雨造成滑坡而垮坝，约1个小时内水库的水全部溢完，水流下泄造成约150亩耕地受淹，部分水稻、玉米、甘蔗、桑园等作物受淹绝收，损失活鱼约5万kg；2013年8月19日，桂平市金田镇金田水库因暴雨水位急剧上涨随后紧急开闸排洪，但巨大的排洪量致下游金田、紫荆等多个村镇受淹，金田、紫荆、垌心、江口等4个乡镇6万多人受灾，死亡1人，失踪4人，见图2-9和图2-10。需生活救助受灾群众4万多人，其中

图2-9　金田水库洪水下游冲垮情况

需紧急救助1.2万多人；2020年6月7日，阳朔县高田镇沙子溪水库因24小时降雨量超过200年一遇洪水标准而致水库垮坝，见图2-11。一次次水库度汛安全事件给我们敲响了警钟。

图2-10 金田镇受洪水淹没情况

图2-11 阳朔县高田镇沙子溪水库垮坝后的坝体

2.2.2 防洪工程建设现状

目前，广西已建、在建防洪控制性枢纽工程 11 座，其中百色水利枢纽、老口航运枢纽、左江水利枢纽、龙滩水库、斧子口水利枢纽、川江水利枢纽、小溶江水利枢纽、青狮潭水库、龟石水库、落久水利枢纽 10 座均为已建成防洪工程，并开始发挥防洪效益，已建水库总防洪库容 78.93 亿 m^3，占广西多年平均径流量 1892 亿 m^3 的 4.2%，见表 2-13。此外，广西已建堤防长度 5180.94km，保护人口 1187.87 万人，保护耕地面积 420.656 万亩，除涝面积 352.38 万亩；已建海堤 361 处，海堤总长 1209.5km，共保护（受益）现状人口 232.48 万人，保护土地面积 1238 km^2，保护耕地面积 113 万亩。

表 2-13　　　　　　广西已建、在建防洪水库情况表

序号	水利枢纽	河流	集雨面积 /km^2	总库容 /万 m^3	防洪库容 /万 m^3	建设情况
1	百色水利枢纽	右江	19600	560000	164000	已建
2	老口航运枢纽	郁江	72400	288000	36000	已建
3	左江水利枢纽	左江	26506	71600		已建
				72600	32900	改建后
4	龙滩水库	红水河	105800	1621000	500000	已建
5	斧子口水利枢纽	陆洞河	325	18800	8900	已建
6	川江水利枢纽	川江	127	9650	4200	已建
7	小溶江水利枢纽	小溶江	260	18400	6420	已建
8	青狮潭水库	甘棠江	474	60000	5120	已建
9	龟石水库	贺江	1230	59500	6740	已建
10	落久水利枢纽	贝江	1746	34300	25000	已建
11	大藤峡水利枢纽	黔江	198600	347900	150000	在建

当前，通过已建防洪控制性枢纽工程、主要支流治理、中小河流治理、病险水库（闸）除险加固等防洪薄弱环节的完善，以

及海堤工程建设，广西防洪排涝减灾体系初步形成。

2.3 水库报汛及服务成效

2.3.1 水库报汛现状

广西水库坝前水位、库容及下泄流量等信息的获得主要通过如下几种方式。一是以下达年度报汛报旱任务通过自动或人工方式报汛的大中型水库共有 236 座，其中大型水库 59 座，中型水库 177 座。据 2021 年汛期统计，共有 448 座大中型及少数重点小（1）型水库报汛，其中有 13 座按 4/4 段次报、17 座按 24 段次报汛；非汛期有 223 座水库报旬月信息。二是广西壮族自治区山洪灾害监测预警及信息管理系统已经建成水库实时监测，可根据需要接入水库监测信息共享。

2.3.2 水库报汛服务成效

广西水文入库洪水预警预报服务虽然还没有成规模化的开展，但近年已经做了不少尝试，也取得比较良好的成效，积累了一定的方法及经验用于指导广西广泛开展入库洪水预警预报服务。如 2019 年 6 月上中旬洪水期间，通过及时预报桂江上游青狮潭、川江、小溶江、斧子口 4 座最大入库流量及贺江合面狮水库最大入库流量分别为 $3100m^3/s$、$3300m^3/s$，经水库运行管理部门科学调度，消减漓江洪峰流量 $1500m^3/s$，降低桂林水文站洪峰水位 1.34m，将接近 100 年一遇的洪水降至接近 10 年一遇；根据入库预报成果调度贺江合面狮水库，将上游来水量约 $3300m^3/s$ 的洪水削峰至 $2700m^3/s$，降低下游贺州八步区、广东南丰水文站洪峰水位约 1.0m。

又如 2020 年 6 月 7 日，贺江上游富阳水文站出现接近 50 年一遇洪水，通过及时准确预报龟石水库最大入库流量为 $1000m^3/s$ 左右，经调度出库仅为 $54.1m^3/s$，削峰率达 95%，共拦蓄洪水 1.5 亿 m^3，通过贺江水库群联合调度，有效降低贺江贺州河段的洪水位，将贺江中下游 10 年一遇洪水削减为 5 年一遇等。

2.4　存在问题

（1）广西绝大部分小型水库建设标准普遍不是很高、安全隐患一定程度上偏多，近年来，国家虽然投入了大量资金除险加固，但由于中小型水库面广量大，并未能够从根本上解决问题，水库安全度汛仍是广西防汛工作的重点和难点。

（2）广西因洪水导致的水库失事时有发生，故合理的入库洪水分析计算对水库安全度汛至关重要。入库洪水是库区洪水在水库周边同时叠加而不经河道调蓄，往往易存在入库洪水洪峰及短时段洪量比坝址洪水相应的峰量要大的情况，使得入库洪水计算分析难度大。虽然目前水库入库洪水计算方法有多种，但很多方法并未明确其适用范围和适用条件，加之广西水库类型多样、地势各异，使得进行广西水库入库洪水计算分析时难以选择适宜简便的计算方法。

（3）广西绝大部分中小型水库处于无资料地区，缺乏入库洪水分析所需的水文、雨量等基础资料。且由于广西地形地貌特点，大多水库属于山区水库，流域汇流时间短，峰现时间快，洪水过程呈现尖、瘦的特点。因此针对无资料地区的水库，如何快速准确的分析其入库洪水也是一大难点和重点。

本书通过对不同资料条件下、不同特点下的入库洪水分析方法进行总结和归纳，明确其使用范围和适用条件，为合理分析入库洪水，提出有效的洪水防御措施提供技术指导。

3 入库洪水分析方法

根据入库洪水的特点可以看出，入库洪水不能由实测资料获到，只能靠部分实测，部分推算或全部推算才能获得。根据资料条件的不同，入库洪水计算方法主要有合成流量法、流量反演法、水量平衡法和相应关系法等。目前，常用的分析方法是依据水量平衡法反推坝址入库洪水过程。计算出有相应场次入库洪水过程后，可通过分析综合单位线，利用新安江模型率定相关参数建立入库洪水预报方案，用于入库洪水分析。当入库干支流断面附近有实测水文资料时，可采用合成流量法分析计算入库洪水。当无水文资料时，可移植建库前坝址处或邻近流域的单位线、概化三角型和流域水文模型等方法计算入库洪水。

3.1 基础资料收集

一般在开展水库入库洪水分析时，需要先进行基础资料收集。基础资料包括目标水库的流域概况、流域气象水文情况资料、水库水文基本资料（水库洪水标准、特征水位、水库库容曲线及下泄曲线等）、库区内水文及雨量观测资料等。下文以天雹水库为例，介绍基础资料收集。

3.1.1 水库概况

天雹水库位于广西南宁市城区边缘西北部的丘陵山区与河谷平原交接处，坐落在三瀑江流域上。大坝位置在东经108°14′，北纬 22°52′，大坝下游为南宁—百色高速公路以及南宁市区高新区、西乡塘区的市区，距离南宁市大学路 3.5km。天雹水库流域以上集雨面积为 50.84km²，流域雨量充沛，多年平均来水量 1939.5 万 m³，水库总库容 1360 万 m³。天雹水库上游武鸣县境内依次已建有黄道、那添、马定 3 座小（1）型水库。3 座小水库控制集雨面积 17.79km²，水库功能为防洪、农田灌溉、供水、旅游等。马定至天雹水库区间集雨面积 33.05km²。天雹水库控制的集水范围属丘陵山区，树木繁茂，植被良好，水土流失不大，山高林密，交通不便，生活居住条件差，人口稀少。

3.1.2 气象及水文资料

天雹水库流域属亚热带地区，气候温和，雨量充沛。多年平均气温 21.6℃，极端最高气温为 40.4℃，极端最低气温为 −2.1℃；多年平均降雨量 1252mm，最大年降雨量 1970mm（1923 年），最小年降雨量 830mm（1989 年）；多年平均蒸发量 1608mm，以 7 月最大，1 月和 2 月最小；多年平均风速 1.8m/s，最多风向东北风，累年最大风速 16.9m/s，其风向为 SSW，发生于 1971 年 7 月。多年平均最大风速 12.1m/s。

3.1.3 水库基本资料

天雹水库正常蓄水位 96.38m，设计洪水位 98.74m，校核洪水位 99.56m，汛期限制水位 94.60m。水库总库容 1360 万 m³，水库死水位 82.98m，死库容 140 万 m³，兴利库容 880 万 m³。天雹水库多年平均年来水量 1939.5 万 m³。水库库容系数为 0.52，是多年调节水库。

南宁市天雹水库位于三瀑江上，该流域没有水文测站。天雹水库坝首附近设有降雨量观测站及水位观测站，有 1962 年后的资料。

天雹水库水位—面积—库容关系曲线成果见表 3-1 和图 3-1。

表 3-1 天雹水库水位—面积—库容关系曲线成果表

水位/m	80.98	82.98	84.98	86.98	88.98	90.98	92.98	94.98	96.38
面积/万 m²	19	31.2	42.4	53.6	63.6	73.2	82.3	92	98.4
库容/万 m³	90	140	214	310	427	565	720	894	1020
水位/m	96.88	97.38	97.88	98.38	98.88	99.38	99.88	100.38	100.88
面积/万 m²	100.8	103.2	105.6	107.8	110	112.2	114.4	116.8	119.2
库容/万 m³	1072	1120	1176	1224	1280	1340	1396	1460	1516

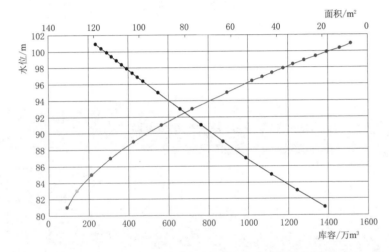

图 3-1 天雹水库水位—面积—库容关系曲线成果图

3.2 水量平衡法

　　水库建成后，可用坝前库水位、库容曲线和出库流量等资料，用水量平衡法推算入库洪水。平均出库流量包括溢洪道流量、泄洪洞流量及发电流量等，也可用坝下游实测流量资料。水库损失水量包括水库的水面蒸发和枢纽、库区渗漏损失等，但在洪水期间，一般情况下损失水量的数值不大，占一次洪水的洪水量的比重很小，为简化可忽略不计。水库蓄水量变化值，一般可用时段始末的坝前水位和水位—库容曲线确定。根据水库水位—库容曲线以及出库流量，基于水量平衡法反推计算入库流量。该方法为水库建成后最常用的入库洪水计算方法，计算公式为

$$\overline{Q}_{入} = \frac{\Delta W}{\Delta t} + \overline{Q}_{出} + Q_{损} \qquad (3-1)$$

式中　$\overline{Q}_{入}$——计算时段内的平均入库流量；

　　　ΔW——计算时段内水库蓄水变化量；

　　　Δt——计算时段长；

　　　$\overline{Q}_{出}$——计算时段内平均出库流量；

　　　$Q_{损}$——蒸发和渗漏等损失流量。

3.3　合成流量法

当入库干支流断面附近有实测流量资料且其控制的流域面积占坝址以上的流域面积比重较大时，可采用合成流量法计算入库洪水，包括干支流入库洪水、区间洪水和库面洪水三部分。分别推算干支流和各分区的洪水，然后分别演进到入库断面即为分区入库洪水，各分区入库洪水同时刻叠加即为集中入库洪水。

3.3.1　干支流入库洪水确定

考虑各站汇入库区的传播时间，将各站流量叠加至同一时刻的入库流量，即得实测的干支流入库洪水。如图3-2所示，干支流合成流量 Q_4 由其上游水文站1（其流量为 Q_1）、水文站

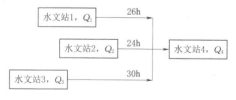

图3-2　上下游汇流关系图

2（其流量为 Q_2）、水文站 3（其流量为 Q_3）共 3 个站的来水量合成。以 2017 年 9 月一场洪水为例，说明干支流洪水合成计算。

表 3-2　　　　　2017 年 9 月上游站洪水过程

水文站 1		水文站 2		水文站 3	
时间 （年-月-日 h：min）	流量 Q_1 /（m³/s）	时间 （年-月-日 h：min）	流量 Q_2 /（m³/s）	时间 （年-月-日 h：min）	流量 Q_3 /（m³/s）
2017-09-18 0：00	1200	2017-09-18 0：00	1480	2017-09-18 0：00	5370
2017-09-18 1：00	1210	2017-09-18 1：00	1560	2017-09-18 1：00	6080
2017-09-18 2：00	1240	2017-09-18 2：00	1630	2017-09-18 2：00	5950
2017-09-18 3：00	1250	2017-09-18 3：00	1740	2017-09-18 3：00	6030
2017-09-18 4：00	1290	2017-09-18 4：00	1820	2017-09-18 4：00	6730
2017-09-18 5：00	1300	2017-09-18 5：00	1890	2017-09-18 5：00	6890
2017-09-18 6：00	1330	2017-09-18 6：00	1970	2017-09-18 6：00	7010
2017-09-18 7：00	1330	2017-09-18 7：00	2050	2017-09-18 7：00	7130
2017-09-18 8：00	1340	2017-09-18 8：00	2160	2017-09-18 8：00	7260
2017-09-18 9：00	1340	2017-09-18 9：00	2410	2017-09-18 9：00	7350
2017-09-18 10：00	1350	2017-09-18 10：00	2660	2017-09-18 10：00	6390
2017-09-18 11：00	1360	2017-09-18 11：00	2820	2017-09-18 11：00	6490

预见期：干支流入库洪水的实际预见期 τ 为 24h。

（1）当来水量以水文站 1 为主时，则理论传播时间为 26h。如计算 26h 后的合成流量，则需预报水文站 2 的 2h 后的流量，以 2017 年 9 月 18 日 8 时为例，具体计算如下：

26h 后的合成流量：

$$Q_4 = \sum(Q_1 + Q_2 + Q_3)$$

式中：Q_1（2017 年 9 月 18 日 8 时）$= 1340\text{m}^3/\text{s}$；

Q_2（预报 2017 年 9 月 18 日 10 时）$= 2660\text{m}^3/\text{s}$；

Q_3（2017 年 9 月 18 日 4 时）$= 6730\text{m}^3/\text{s}$；

$Q_4 = 1340 + 2660 + 6730 = 10730\text{m}^3/\text{s}$。

（2）当来水量以水文站 2 为主时，则理论传播时间为 24h。以 2017 年 9 月 18 日 8 时为例，不需预测水文站 1、水文站 3 流量，具体计算如下：

24h 后的合成流量：

$$Q_4 = \sum(Q_2 + Q_1 + Q_3)$$

式中：Q_2（2017 年 9 月 18 日 8 时）$= 2160\text{m}^3/\text{s}$；

Q_1（2017 年 9 月 18 日 6 时）$= 1330\text{m}^3/\text{s}$；

Q_3（2017 年 9 月 18 日 2 时）$= 5950\text{m}^3/\text{s}$；

$Q_4 = 2160 + 1330 + 5950 = 9440\text{m}^3/\text{s}$。

（3）当来水量以水文站 3 为主时，则理论传播时间为 30h。则需预报水文站 1 的 4h 后的流量和水文站 2 的 6h 后的流量。以 2017 年 9 月 18 日 2 时为例，具体计算如下：

30h 后的合成流量：

$$Q_4 = \sum(Q_3 + Q_1 + Q_2)$$

式中：Q_3（2017 年 9 月 18 日 2 时）$= 5950\text{m}^3/\text{s}$；

Q_1（预报 2017 年 9 月 18 日 6 时）$= 1330\text{m}^3/\text{s}$；

Q_2（预报 2017 年 9 月 18 日 8 时）$= 2160\text{m}^3/\text{s}$；

$Q_4 = 5950 + 1330 + 2160 = 9440\text{m}^3/\text{s}$。

合成流量法是干支流有实测流量资料的主要计算方法之一，合成流量法的关键是传播时间 τ 的确定，在实际工作中常用的确定方法：按上、下游站实测的断面流速资料分析计算平均流速（可按流量值大小分级定）：

$$传播时间 \tau = 河长 L / 平均流速 C$$

合成流量法的预见期取决于传播时间中的最小值。由于干流来水量往往大于支流，实际工作中多以干流的 τ 值作为预见期，如果支流的 τ 值小于干流的 τ 值，求合成流量时支流的相应流量还需预报。

3.3.2 区间洪水计算

区间一般属无资料地区，区间洪水只能间接推算。简单的可假定区间与入库站以上流域产汇流规律基本相同，直接按面积比作为区间入库洪水。

$$Q_区 = (Q_干 / A_干) A_区 \qquad (3-2)$$

或者在区间上找出与区间流域相似的，有实测资料的水文站，按面积或其他关系，移用到整个区间。

$$Q_区 = (Q_代 / A_代) A_区 \qquad (3-3)$$

3.3.3 库面洪水计算

一般库区水面面积占坝址以上流域面积不大时，可直接将降雨按库水面积转化为入库洪水。

如一水库库水面积为 $2km^2$，1h 降雨量为 20mm，则库面洪水为

$$Q_{库面} = AP/T = 2 \times 1000000 \times 0.02 / (60 \times 60) = 11m^3/s$$

将上述干支流洪水、区间洪水和库面洪水三部分按时间叠加即得入库洪水。

3.4 水文学方法

水文学方法包括单位线法、概化三角形法和新安江模型法。

3.4.1 单位线法

当入库断面无实测水文资料，仅有坝址出流及雨量资料时，可采用经验或地貌单位线将雨量转化为坝址处洪水过程，即为入库洪水过程。

广西早在 20 世纪 80 年代初就开展了《广西暴雨径流查算图表》的编制工作，提出了利用暴雨资料推求洪水的计算方法，其中就包括了基于地貌单位线的产汇流计算的实用方法。

采用雨量资料推求洪水主要包括两个部分的分析计算：产流计算和汇流计算。产流是指雨水降落到流域后，通过植物截留过程、下渗过程、蒸散发过程、土壤水的增减过程等，产生能由经地面和地下汇集至流域出口断面的水量的现象。根据产流的物理条件差异、地区气候条件差异，产流模式包括蓄满产流和超渗产流两种。广西地处低纬，南临南海，水汽充沛，暴雨多，雨强大，土壤湿润，基本上属于蓄满产流方式，故产流量采用"蓄满产流"模型进行分析，计算公式如下。

当 $a+P < W'_m$ 时：

$$R = P + W_0 - W_m + W_m \left(1 - \frac{a+P}{W'_m}\right)^{b+1} \qquad (3-4)$$

当 $a+P \geqslant W'_m$ 时：

$$R = P + W_0 - W_m \qquad (3-5)$$

式中　R——径流量，mm；

　　　　P——流域平均降雨量，mm；

　　　　W_0——降雨开始时流域蓄水量，mm；

　　　　W_m——流域平均最大蓄水量，mm；

　　　　W'_m——流域某地点最大蓄水量的极大值，mm。

由式（3-4）可知，只要知道 b 和 W'_m，就可以确定降雨径流关系。W'_m 主要决定于流域的气候和植被特征，b 值反映流域中蓄水容量的不均匀性。b 和 W'_m 可根据水文资料推求或者参考《广西暴雨径流查算图表》取值。另外产流计算还包括净流量、退水曲线以及地下径流分割等的计算，具体计算方法参考《广西暴雨径流查算图表》。

汇流计算实际上就是获取单位线的过程。单位线是指流域上分布均匀的单位时段内强度不变的 1 个单位的净雨量所形成的流域出口断面流量过程。单位线是流域汇流计算中最基本和最重要的概念之一。当用系统分析观点解释流域汇流时，流域单位线就是流域的水文响应。流域水文响应是地貌扩散和水动力扩散对降落在流域上具有一定时空分布的净雨共同作用的结果。地貌扩散作用取决于流域大小、形状和水系分布状况；水动力扩散作用与流域上流速分布有关，一般取决于流域的地形坡度和糙率的分布。这种对流域汇流机理的揭示，是从理论上建立流域地形地貌特征与流域水文响应之间的关系依据。因此，地貌单位线就是用流域地形地貌参数定量流域水文响应，通过流域地形地貌参数来定量流域水文响应已成为研究缺乏水文资料情况下模拟出流断面流量过程的主要方法。

应用单位线处理流域出口断面洪水过程计算的基本思路是：如果单位时段内强度不变的净雨量不是 1 个单位，而是 n 个单位，那么其所形成的流域出口断面的洪水过程为单位线的 n 倍，这称作倍比性假设。如果一场暴雨的历时不只是 1 个单位时段，而是有 m 个单位时段，那么其所形成的流域出口断面洪水过程就是各个单位时段净雨形成的流域出口断面洪水过程之同时刻流量之和，这称作叠加性假设。因此，只要找到了流域单位线，就可以根据倍比性和叠加性假设，完成推求流域上一场暴雨所形成的流域出口断面洪水过程的计算任务。

流域上分布均匀，历时极短 ($\to 0$)，强度极大 ($\to \infty$)，但总量为 1 个单位的净雨所形成的出口断面流量过程为瞬时单位线。瞬时单位线的计算公式为

$$u(t) = \frac{1}{k(n-1)!}\left(\frac{t}{k}\right)^{n-1}\mathrm{e}^{-\frac{t}{k}} \qquad (3-6)$$

式中　$u(t)$——t 时刻瞬时单位线纵高;

　　　n——线性水库的个数（调节次数或调节系数）;

　　　k——线性水库的蓄量常数,表征水库性线性蓄泄方程的汇流历时（反映流域汇流时间参数或调蓄系数）;

　　　e——自然对数的底;

　　　t——时刻。

瞬时单位线转化为时段单位线采用 S 曲线,瞬时单位线转换为时段为 Δt、净雨量为 10mm 的时段单位线计算公式为

$$S(t)=\int_0^t (t,0)\mathrm{d}t=\int_0^t \frac{1}{k(n-1)!}\left(\frac{t}{k}\right)^{n-1}\mathrm{e}^{-\frac{t}{k}}\mathrm{d}t \quad (3-7)$$

$$u(\Delta t,t)=S(t)-S(t-\Delta t) \quad (3-8)$$

$$q(\Delta t,t)=\frac{10F}{3.6\Delta t}u(\Delta t,t) \quad (3-9)$$

式中　$q(\Delta t,t)$——时段单位线,m^3/s;

　　　F——流域面积,km^2。

由公式可知,决定瞬时单位线的参数为 n、k,只要 n、k 确定,瞬时单位线即可确定。单位线的重要特征是它的时段,也就是产生单位线的净雨历时,对同一流域,1h 单位线和 3h 单位线是不同的。

《广西暴雨径流查算图表》基于广西的地质地貌及降雨特点,对产流、汇流及退水指数做了分区,其中,产流分 8 个区,汇流分 5 个区。可根据每个分区 $m_{稳}$（$m_{稳}=nk$）的计算公式,反推 n、k 参数取值,从而推求单位线。非岩溶地区 $m_{1稳}$ 值和 n 值地区经验公式见表 3-3 和表 3-4。岩溶地区 $m_{1稳}$ 值、n 值综合经验公式见表 3-5。

表 3-3　　　　　　　非岩溶地区 $m_{1稳}$ 值地区经验公式表

分区	公　式	适用范围（流域面积）/km^2
一 (1)	$m_{1稳}=1.34F^{0.297}J^{-0.218}$	8~1000
一 (2)	$m_{1稳}=1.54F^{0.262}J^{-0.847}$	30~1000

续表

分区	公 式	适用范围（流域面积）/km²
二（1）	$m_{1稳}=3.50F^{0.150}J^{-0.440}$	17～1000
二（2）	$m_{1稳}=4.50F^{0.155}J^{-0.458}$	50～1000
三	$m_{1稳}=0.96F^{0.824}J^{-0.288}$	16～1000

注　$m_{1稳}=nk$；F 为流域面积，km²；J 为河道坡降，‰。

表 3 - 4　　　　非岩溶地区 n 值地区经验公式表

分区	公 式	适用范围（流域面积）/km²
一（1）	$n=1.219F^{0.188}J^{0.017}$	8～1000
一（2）	$n=1.02F^{0.180}J^{0.090}$	30～1000
二（1）	$n=1.797F^{0.082}J^{0.028}$	17～1000
二（2）	$n=1.20F^{0.170}J^{0.180}$	50～1000
三	$n=1.38F^{0.080}J^{0.150}$	16～1000

注　$m_{1稳}=nk$；F 为流域面积，km²；J 为河道坡降，‰。

表 3 - 5　　　岩溶地区 $m_{1稳}$ 值、n 值综合经验公式表

公 式	适用范围（流域面积）/km²
$m_{1稳}=0.768F^{0.855}f^{-0.116}J^{-0.802}L^{0.264}$	200～1000
$n=6.45F^{-0.116}f^{-0.071}J^{-0.082}$	200～1000

注　F 为地表河流的比重，$(F_{总}-F_{地下河})/F_{总}$；L 为主河道长，km。

　　由不同产、汇流分区对应的计算公式可知，构建流域地貌单位线需要确定的主要参数如下：

　　（1）断面以上流域的地形参数：如流域面积、河流长度、坡降、植被等。

　　（2）断面以上流域的产汇流分区参数：汇流分区、产流分区、退水分区等。

　　在制作单位线时，河道坡降可在地形图（纸质或 GIS 地图）上量算，也可利用实测资料试算，一旦确定，即可视为常数。

　　流域单位线的推求方法主要有分析法和试错法两种。"广西

中小河流水文监测预警预报服务平台"提供的方法为分析法；在实际中，还可通过利用实测的雨洪配套资料（要求净雨历时尽量短，配套的出流过程单峰且完整）进行迭代试错计算来推求单位线。

3.4.2　概化三角形法

为便于研究及应用，针对匮乏资料小流域，可将单峰型洪水概化为三角形型（见图3-3），则：次降雨过程径流量总量存在下列关系：

$$W = \frac{1}{2} Q_峰 t \qquad (3-10)$$

则有：

$$Q_峰 = \frac{2W}{t}$$

其中：

$$W = 0.1 \alpha F P$$

式中　W——次降雨过程径流量总量，万 m^3；

　　　$Q_峰$——洪峰流量，m^3/s；

　　　t——平均次洪历时，h；

　　　α——流域产流系数；

　　　F——流域面积，km^2；

　　　P——流域次降雨量，mm。

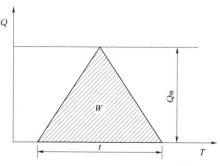

图3-3　概化三角形法数学概化图

以某水库 2015 年 10 月 4 日洪水为例，介绍概化三角形法在小库入库洪水分析中的应用。

某水库流域基本情况：断面控制面积为 108km²，产流系数为 0.8，平均次洪历时为 18h，洪峰出现时间为次洪历时的 1/2，次洪降雨过程累计雨量见表 3-6。

表 3-6　　　　　　　　次洪降雨过程累计雨量表　　　　　单位：mm

站名	4 日 14—23 时	5 日 0 时	5 日 1 时	5 日 2 时	5 日 3 时
站 1	58.0	94.5	136.2	161.4	171.2
站 2	90.5	127.0	168.7	193.9	223.5

从 4 日 14 时开始，水库流域普降小雨，18 时雨势逐渐加强，水位 20 时开始起涨，至 5 日 3 时降雨基本结束，入库洪水分析如下：

(1) 计算次降雨过程径流量总量。流域次降雨量取 5 日 3 时镇龙和那歪站的平均值，则：

$$W = 0.1 \times 0.8 \times 108 \times (171.2 + 223.5)/2 = 1705 \ \text{万 m}^3$$

(2) 计算洪峰流量及出现时间。

洪峰：
$$Q_{峰} = 2 \times 10000 \times W/(t \times 3600)$$
$$= 2 \times 10000 \times 1705/(18 \times 3600)$$
$$= 526 \text{m}^3/\text{s}$$

洪峰出现时间（起涨 9h 后出现洪峰），4 日 20 时起涨，5 日 5 时洪峰。

(3) 入库洪水过程。该方法是将洪水过程做极简化处理，数学模型简单，因此，在实际应用中适用的流域面积不能太大，主要适用于控制面积在 200km² 以下的小流域。该方法的精度很大程度上取决于三角形底宽 t（次洪历时），因此，在实际应用中，可通过统计分析实测场次洪水过程历时，再统计分析流域的平均 t 值。

3.4.3 新安江模型法

20 世纪 60 年代，世界上第一个真正意义上的流域水文模型——斯坦福流域水文模型（SWM）诞生于美国斯坦福大学，由水文学者 Crawford 和 Linsley 合作研制。之后新的流域水文模型不断提出。1967 年，日本的营原正己等提出了 Tank 模型；1970 年，美国学者 Dwady 等提出 USGS 模型；1973 年，美国学者 Bunrash 提出 NWS-RFS 模型。20 世纪 70 年代，河海大学首次提出了新安江二水源模型；80 年代中期，赵人俊教授改进提出了新安江三水源模型，90 年代初被纳入美国天气局的河流预报系统（NWSRFS）；1996 年，意大利教授 Todini.E 在建立 AEN0 模型时借鉴了新安江模型中的蓄水容量曲线。X.Ma 教授在建立 SVAT 模型中的产流模块时借鉴了新安江模型。

广西水文中心引进部署了中国洪水预报系统（NFFS）用于流域水文模型方案的构建，该系统以地理信息系统为平台，建立了常用的、模块化的预报模型和方法库，可进行多模型、多方案对比分析。下面重点介绍应用中国洪水预报系统中基于新安江模型、适用于南方湿润地区的三水源蓄满产流模型、三水源滞后演算汇流模型来进行预警预报。

3.4.3.1 三水源蓄满产流模型 (SMS_3)

1. 模型原理

三水源蓄满产流模型（SMS_3）由蒸散发计算、产流量计算和分水源计算三部分组成。

（1）蒸散发计算。流域蒸散发量采用三层（即上层、下层、深层）蒸发模式计算，计算公式如下：

$$E_p = KE_0 \qquad (3-11)$$

式中　E_p——蒸散发能力；

　　　E_0——实测蒸发量；

　　　K——蒸发折算系数。

$$E = \begin{cases} E_p & \text{当 } P + WU \geqslant E_p \text{ 时} \\ (E_p - WU - P)\dfrac{WL}{WLM} & \text{当 } P + WU < E_p \text{ 且 } \dfrac{WL}{WLM} > C \text{ 时} \\ C(E_p - WU - P) & \text{当 } P + WU < E_p \text{ 且 } \dfrac{WL}{WLM} \leqslant C \text{ 时} \end{cases}$$

$$(3-12)$$

式中　　C——深层蒸发折算系数；

WU、WL——上、下层土壤含水量；

　　WLM——下层张力水容量；

　　　P——降水量；

　　　E——蒸发量。

（2）产流量计算。用流域蓄水容量曲线来考虑流域面上土壤缺水量与蓄水容量相等，各地点包气带的蓄水容量用 W_m 表示，W_{mm} 为其最大值，单位一般取 mm。该曲线是一条 b 次抛物线，可用指数方程式（3-13）表示。

$$\frac{f}{F} = 1 - \left(1 - \frac{W_m}{W_{mm}}\right)^b \qquad (3-13)$$

据此可求得流域平均蓄水容量 WM 为

$$WM = \frac{W_{mm}}{1+b} \qquad (3-14)$$

与某个土壤含水量 W 相应的纵坐标值 a 为

$$a = W_{mm}\left[1 - \left(1 - \frac{W}{WM}\right)^{\frac{1}{1+b}}\right] \qquad (3-15)$$

当 PE（扣除雨期蒸发后的降雨量）小于 0 时，降雨量全部补充土壤含水量，不产流，大于 0 时，即土壤蓄满后，后续降雨产流。

由于流域上面降雨量、初始土壤含水量分布不均，产流又分为局部产流（部分蓄满）和全流域产流（全流域蓄满后）两种情况：

当 $PE+a<W_{mm}$ 时，局部产流量为

$$R=PE-WM+W+WM\left[1-\frac{PE+a}{W_{mm}}\right]^{1+b} \qquad (3-16)$$

当 $PE+a\geqslant W_{mm}$ 时，全流域产流量为

$$R=PE-(WM-W) \qquad (3-17)$$

如流域含有不透水面积，即 IMP（不透水面积比）$\neq 0$ 时，则式（3-14）为 $WM=\dfrac{W_{mm}(1-IMP)}{1+b}$。这时各式也会有相应的变化。

（3）分水源计算。通过对湿润及半湿润地区径流过程及径流形成原理分析，径流成分分别为地表、壤中和地下三种水源。水源划分通过自由水蓄水库进行结构划分。

输入：产流量 R，连同自由水蓄水库原有的尚未出流完的水，组成自由水蓄水量 S。产流面积比 FR 即为自由水蓄水库的底宽，它是时变的。各种水源的径流量的计算公式如下：

当 $S+R\leqslant SM$ 时，$RS=0$

$$RI=(S+R)\times KI\times FR$$

$$RG=(S+R)\times KG\times FR$$

当 $S+R>SM$ 时，$RS=(S+R-SM)\times FR \qquad (3-18)$

$$RI=SM\times KI\times FR$$

$$RG=SM\times KG\times FR$$

式中　KI——壤中流出流系数；

　　　KG——地下水出流系数。

由于自由水蓄水存在空间分布不均匀性，将 SM 取为常数是不合适的，分布特性用指数方程近似描述。为此也采用抛物线，并引入 EX 为其幂次，则有：

$$\frac{f}{F}=1-\left(1-\frac{S_m}{S_{mm}}\right)^{EX} \qquad (3-19)$$

$$SSM=(1+EX)SM \qquad (3-20)$$

41

$$AU = SSM \left[1 - \left(1 - \frac{S}{SM} \right)^{\frac{1}{1+EX}} \right] \qquad (3-21)$$

当 $PE + AU < SSM$ 时

$$RS = \left[PE - SM + S + SM \left(1 - \frac{PE + AU}{SMM} \right)^{1+EX} \right] F_R$$

$$(3-22)$$

当 $PE + AU \geqslant SSM$ 时

$$RS = (PE + S - SM) F_R \qquad (3-23)$$

2. 模型参数

三水源蓄满产流模型是一个确定性概念模型，在实际应用中，一般根据其物理意义（按规律与经验，或移植邻近流域的参数值）来确定模型参数的初始值，然后用 NFFS 模拟出产汇流过程，并与实际径流过程进行对比分析，以过程的最小误差为原则来率定参数，通常采用试错法和自动优选相结合的方式。

（1） K ：流域蒸散发折算系数。当采用 E-601 蒸发器资料时， $K \approx 1$ 。此参数控制着水量平衡。

（2） WM （ WUM 、 WLM 、 WDM ）：流域平均的蓄水容量，分成三层（ WUM 、 WLM 和 WDM ），以 mm 计，反映流域干旱程度。 WUM 对产流量的计算有一定影响， WLM 与 WDM 的影响很小。 WM 取值一般为半干旱地区＞半湿润地区＞湿润地区。

（3） C ：深层蒸发折算系数。这个参数对半湿润地区及半干旱地区影响较大，而对湿润地区影响极小。它对久旱以后的洪水的影响较大。一般取值为 $0.08 \sim 0.2$ ，在南方多林地区可达 0.18 ，北方半湿润地区约为 0.08 。

（4） IMP 和 B ： IMP 是不透水面积占全流域面积的比例。在天然流域一般取值 $0.01 \sim 0.02$ ，城镇或水利工程地区其值可能较大。 B 是流域蓄水容量曲线的指数，反映流域面上蓄水容量分布的不均匀性。 B 的取值范围一般在 $0.15 \sim 0.3$ ，或更大些。

（5）KG 和 KI：KG、KI 分别是自由水蓄水库的地下水、壤中流出流系数。自由水蓄水库的出流系数为两者之和，消退系数为 $1-(KG+KI)$，其决定了直接径流的退水历时 N（天数）。如 N 为 3 天，$KG+KI \approx 0.7$；如 N 为 2 天，则 $KG+KI \approx 0.8$。

（6）SM：流域平均的自由水蓄水容量。这是个比较重要的参数，与峰型、大小关系较大，优选调试时往往以洪峰为主要目标。在土深森林茂密的流域，其值可达 50mm 或更大；在一般流域，其值为 $10 \sim 20$mm。计算时段长不同，SM 的取值有所变动。时段越短，相应的 SM 越大。

（7）EX：自由水蓄水容量曲线的指数，表示自由水容量分布不均匀性。EX 的影响不太大，一般流域取 1.5 即可。

3.4.3.2 三水源滞后演算汇流模型（LAG_3）

1. 模型原理

净雨过程经过流域对其的推移和坦化作用后变成洪水过程，如图 3-4 所示。

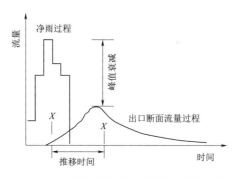

图 3-4　净雨过程向洪水过程演变示意图

（1）基本概念性元素。线性渠道如图 3-5 所示。

线性渠道主要模拟洪水推移过程，体现在只有重心的推移，形状不发生变化。

线性水库如图 3-6 所示，其表达式如下：

图 3-5　线性渠道示意图

注：T 为流域滞时，反映推移程度的大小。

$$W = KQ \qquad (3-24)$$

式中　　W——流域蓄水量；

　　　　K——水库蓄量常数，反应坦化水平；

　　　　Q——出口断面流量。

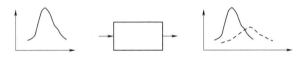

图 3-6　线性水库示意图

线性水库主要是模拟洪水过程的坦化。

（2）基本原理。滞后演算法将洪水波运动中的平移与坦化两种作用分开，并进行一次统一处理。洪水波的平移以一连串"线形渠道"滞后一段时间代表，坦化以一连串"线性水库"调蓄演算为代表。滞后演算法的基本原理如图 3-7 所示。

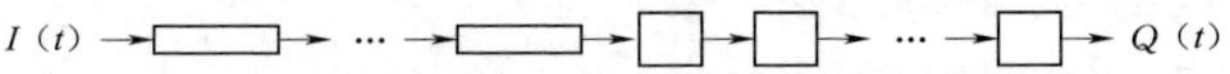

$$I(t) \rightarrow \boxed{} \rightarrow \cdots \rightarrow \boxed{} \rightarrow \boxed{} \rightarrow \boxed{} \rightarrow \cdots \rightarrow \boxed{} \rightarrow Q(t)$$

图 3-7　滞后演算法基本原理示意图

可用水流运动连续方程和动力方程联解，推求出河道滞后瞬时汇流曲线公式为

$$u(0,t) = 0 \quad (0 \leqslant t \leqslant n\tau)$$

$$u(0,t) = \frac{1}{\kappa(n-1)!} \left(\frac{t-n\tau}{\kappa} \right)^{n-1} \exp\left(-\frac{t-n\tau}{\kappa} \right) (n\tau < t < \infty)$$

$$(3-25)$$

式中　　t——每个线性渠道滞时；

n——为线性渠道个数；

κ——调蓄系数。

（3）三水源滞后演算模型。三水源滞后演算模型（LAG_3）用于汇流演算，与三水源新安江产流模型（SMS_3）相匹配，包括单元流域汇流（坡地汇流和河网汇流）和河道汇流。

2. 模型参数

汇流模型与产流模型的参数在性质上是完全独立的。汇流参数决定流量过程，其参数十分敏感，对提高洪水预报的模拟精度影响很大。

（1）CI：深层壤中流的消退系数，它决定洪水尾部退水的快慢。如无深层壤中流，$CI \rightarrow 0$。当深层壤中流很丰富时，$CI \rightarrow 0.9$。

（2）CG：地下径流消退系数，它决定地下水退水的快慢。常用枯季资料推求。

（3）CS 和 LAG：决定于河网地貌。CS 为河网蓄水消退系数，反映坦化程度。LAG 为滞后时段数，反映平移程度。

（4）X 和 KK：X 为流量比重因素，KK 为蓄量常数。

（5）MP：马斯京根法分段连续演算的河段数，无河道演算时一般取 0。

3.4.3.3　系统建模与实时作业预报

系统建模是洪水预报系统的重要组成部分。它包括预报方案构建、历史资料处理、模型参数率定等功能。预报方案构建功能可通过人机界面构建相关图预报方案、水文模型预报方案，通过人机界面输入、定制预报方案的各要素值。历史资料处理功能用于输入、转录、检查、修改用于制作洪水预报方案的历史水文资料。模型参数率定功能可通过人工试错和自动优选相耦合的率定子系统，对任何预报模型单值参数进行参数率定，以完成系统建模工作。

实时作业预报是基于建立的洪水预报方案，根据最新实时雨水情，对未来一段时间内的洪水过程做出预测预报。其主要功能包括选择预报站点、单站预报、河系预报、预报成果优选、等雨量线、区域管理、预报结构图等。

　　系统建模与实时作业预报具体操作方法参见《中国洪水预报系统技术报告与操作手册》。

4 入库洪水分析应用

入库洪水主要分析一次洪水的最大洪峰流量和一次洪水过程的洪水总量。日常入库洪水分析一般按照有入库控制性水文站、有入库非控制性水文站、水库集水区只有雨量监测站以及水库集水区无水雨情监测站四种情况选取相应的计算方法推求入库洪水。入库洪峰流量预报方法除上述介绍的单位线法、新安江模型法外，还可以采用历史相似洪水法、水文比拟法、降雨径流系数法等方法进行分析计算。

入库洪水分析流程如图 4-1 所示。

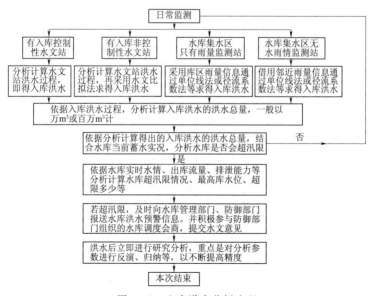

图 4-1　入库洪水分析流程

4.1 有入库控制性水文站

一个及以上水文监测站所控制的流域面积占水库集水面积90％以上（含90％）。有入库控制水文站的入库洪水分析，其实质就是分析该代表水文站的洪水预警预报，这和平时预警预报基本一致。只是入库洪水预警预报，除关注洪峰外，还必须关注次洪过程的洪水径流总量，这类情况大多是干流河道上的径流式电站会出现。其入库洪峰流量可直接取控制水文站的预报洪峰流量，次洪水过程的洪水径流总量可采用中国洪水预报系统新安江模型演算求得，也可以采用历史相似洪水推算。历史相似洪水推算简单易行，且具有较好精度，因此本章着重介绍该方法，在此列出柳江红花水电站、黔江大藤峡水利枢纽、郁江西津电站、左江山秀电站、桂江巴江口电站的入库代表站的典型洪水洪峰流量、洪量等。

4.1.1 红花水电站

以柳州水文站作为红花电站的入库控制水文站。红花水电站坝址位于柳江下游河段红花村里雍林场附近，距上游的柳州水文站约60km，该水电站是一个发电、防洪和航运综合开发利用的枢纽工程。水电站坝址以上流域面积46810km²，柳州水文站控制面积45413km²，占红花水电站集水面积的97％。复式峰时的次洪总量比单峰略大些，如19940617号洪水为复式峰。柳州水文站典型洪水的洪峰水位洪量统计见表4-1。

表4-1　　柳州水文站典型洪水的洪峰水位洪量统计表

洪水编号	洪峰水位/m	洪峰流量/(m³/s)	起涨时间（月/日 h：min）	起涨流量/(m³/s)	洪峰时间（月/日 h：min）	落平时间（月/日 h：min）	次洪总量/亿 m³
19940617	89.92	26600	6/11 16：00	953	6/17 11：25	6/23 16：00	112.44
19960719	93.10	33700	7/14 8：00	3280	7/19 16：26	7/24 20：00	127.29

洪水编号	洪峰水位 /m	洪峰流量 /(m³/s)	起涨时间 (月/日 h：min)	起涨流量 /(m³/s)	洪峰时间 (月/日 h：min)	落平时间 (月/日 h：min)	次洪总量 /亿 m³
20030628	80.01	11600	6/26 11：00	1690	6/28 0：00	7/5 14：00	31.33
20040721	88.64	23700	7/18 17：00	2270	7/21 14：00	7/28 8：00	74.91
20080613	85.86	18700	6/12 8：00	4160	6/13 10：30	6/16 3：00	35.56
20150615	82.37	16000	6/13 20：00	4970	6/15 13：00	6/16 20：00	38.09

4.1.2 大藤峡水利枢纽

以武宣水文站作为大藤峡水利枢纽的入库控制水文站。大藤峡水利枢纽坝址位于珠江流域西江水系黔江河段大藤峡峡谷出口处，它集防洪、航运、发电、水资源配置、灌溉等综合效益于一体，是珠江流域关键控制性水利枢纽，是西江中下游防洪工程体系的一个重要组成部分。下距广西桂平市黔江彩虹桥 6.6km，上距武宣水文站约 62.2km，枢纽坝址以上流域面积 198612km²，武宣水文站控制面积 196655km²，占大藤峡水电站集水面积的 99.0%。复式峰时的次洪总量比单峰略大些，如 20100622 号、20170703 号洪水为复式峰。武宣水文站典型洪水的洪峰水位洪量统计见表 4-2。

表 4-2　　武宣水文站典型洪水的洪峰水位洪量统计表

洪水编号	洪峰水位 /m	洪峰流量 /(m³/s)	起涨时间 (月/日 h：min)	起涨流量 /(m³/s)	洪峰时间 (月/日 h：min)	落平时间 (月/日 h：min)	次洪总量 /亿 m³
19940618	66.06	44400	6/13 18：30	8430	6/18 11：00	6/24 20：00	282.69
19960721	64.84	42800	7/16 8：00	10500	7/20 17：00	7/28 8：00	235.91
20040722	61.91	36100	7/19 8：00	7640	7/21 14：00	7/30 14：00	184.88
20070610	54.41	23700	6/5 8：00	5210	6/10 14：00	6/18 8：00	131.66
20100622	55.20	23100	6/14 11：00	5570	6/21 18：00	6/25 17：00	135.80

洪水编号	洪峰水位/m	洪峰流量/(m³/s)	起涨时间（月/日 h：min）	起涨流量/(m³/s)	洪峰时间（月/日 h：min）	落平时间（月/日 h：min）	次洪总量/亿 m³
20140606	53.28	20300	6/3 8：00	5030	6/6 20：00	6/14 8：00	86.72
20170703	58.89	27300	6/26 6：38	6030	7/3 18：00	6/10 2：00	187.33

4.1.3 邕宁枢纽

以南宁水文（三）站作为邕宁水利枢纽的入库控制水文站。邕宁水利枢纽是以改善城市环境和水景观、航运为主，兼顾水力发电的综合性水利枢纽工程。坝址位于郁江干流南宁市邕江河段下游青秀区仙葫开发区牛湾半岛处，上距南宁水文（三）站约54km，下距西津水电站124km。水电站坝址以上流域面积75801km²，南宁水文（三）站控制面积72656km²，占邕宁水利枢纽集水面积的95.9%。复式峰时的次洪总量比单峰略大些，如19580923号、19680818号洪水为复式峰。南宁水文站典型洪水的洪峰水位洪量统计见表4-3。

表4-3 南宁水文（三）站典型洪水的洪峰水位洪量统计表

洪水编号	洪峰水位/m	洪峰流量/(m³/s)	起涨时间（月/日 h：min）	起涨流量/(m³/s)	洪峰时间（月/日 h：min）	落平时间（月/日 h：min）	次洪总量/亿 m³
19580923	75.24	11100	9/6 20：00	1180	9/22 0：00	9/30 20：00	122.3
19680818	76.91	13000	8/6 8：00	1900	8/18 0：00	8/25 14：00	150.10
19781006	73.72	9850	10/3 2：00	1740	10/6 23：00	10/18 20：00	62.02
19940721	75.92	11100	7/14 20：00	2130	7/21 2：00	7/26 2：00	88.09
20010707	77.95	13400	7/2 23：00	3880	7/3 3：00	7/16 14：00	112.46
20100727	69.61	5630	7/20 0：00	869	7/27 0：00	8/9 8：00	35.85
20130827	71.18	6860	8/16 10：00	1280	8/27 3：00	9/1 8：00	44.07
20180806	72.29	8050	8/4 10：00	3150	8/6 9：00	8/13 2：00	39.70

4.1.4 山秀水电站

以崇左水文站作为山秀水电站的入库控制水文站。广西左江山秀水电站是以发电为主，兼顾航运、灌溉、养殖、旅游等综合功能的项目。水电站位于左江下游，广西崇左市扶绥县渠黎镇山秀村附近，坝址下距扶绥县城 14km，上距崇左水文站约102km。水电站坝址以上流域面积 29562km²，崇左水文站控制面积 26823km²，占山秀水电站集水面积的 90.7%。复式峰时的次洪总量比单峰略大些，如 20100622 号、20170703 洪水为复式峰。崇左水文站典型洪水的洪峰水位洪量统计见表 4－4。

表 4－4　　崇左水文站典型洪水的洪峰水位洪量统计表

洪水编号	洪峰水位/m	洪峰流量/(m³/s)	起涨时间（月/日 h：min）	起涨流量/(m³/s)	洪峰时间（月/日 h：min）	落平时间（月/日 h：min）	次洪总量/亿 m³
19920726	105.48	9260	7/21 21：44	574	7/26 14：00	8/4 8：00	43.29
19940731	103.27	7500	7/27 11：00	2990	8/1 0：00	8/4 8：00	34.85
20010705	104.95	8430	7/2 22：00	764	7/5 14：00	8/8 8：00	31.03
20050930	97.54	5180	9/26 18：00	326	9/29 20：00	10/4 17：00	13.85
20080828	107.65	9520	9/23 6：00	376	9/28 5：00	10/5 5：00	42.63
20120819	101.96	6580	8/17 2：00	900	8/20 4：00	8/26 14：00	25.36
20140722	105.75	8270	7/18 10：00	734	7/22 0：00	7/25 17：00	29.50

4.1.5 巴江口水电站

以平乐水文站作为巴江口水电站的入库控制水文站。巴江口水电站位于大发瑶族乡的巴江村，是广西"十五"计划重点项目，也是桂林市新中国成立以来最大的水利建设项目。水电站建设以发电为主，兼顾航运及其他综合利用。下距昭平县城约29km，上距平乐水文站约43km，水电站坝址以上流域面积12621km²，平乐水文站控制面积12159km²，占巴江口水电站集水面积的 96.3%。复式峰时的次洪总量比单峰略大些，如

20080613 号、20070610 号、20150521 号等。平乐水文站典型洪水的洪峰水位洪量统计见表 4-5。

表 4-5　　平乐水文站典型洪水的洪峰水位洪量统计表

洪水编号	洪峰水位/m	洪峰流量/(m³/s)	起涨时间（月/日 h：min）	起涨流量/(m³/s)	洪峰时间（月/日 h：min）	落平时间（月/日 h：min）	次洪总量/亿 m³
19660622	101.09	7650	6/21 2：00	1700	6/21 21：00	6/24 8：00	10.00
19780517	104.70	11400	5/12 13：00	519	5/17 9：00	5/26 8：00	33.71
20020618	103.17	9450	6/9 8：00	334	6/18 6：00	6/27 7：00	35.72
20080613	106.09	11500	6/7 6：40	367	6/13 19：00	6/23 7：00	39.31
20070610	99.11	5500	6/6 16：00	1040	7/6 0：00	6/12 9：00	14.31
20140605	100.60	5810	6/2 9：00	620	6/6 0：00	6/9 2：00	11.82
20150521	102.90	8580	5/19 2：00	1390	5/21 4：00	5/25 8：00	21.75

有入库控制性水文站情况下，可直接采用水文站的洪峰流量作为最大入库洪水流量，采用历史洪水流量过程相似推求次洪入库总洪量或只需作简单计算就可推算出入库洪水流量过程。这一类型水库多为大型水库，其库水面积较大，在计算洪水总量时要注意加入水库水面部分的来水量（计算方法见 4.2），否则会产生一定误差；尤其是库区降暴雨时，误差有时还是比较大的。

4.2　有入库非控制性水文站

在水库集水区域内设有水文站，但水文监测站控制的流域面积占水库集水面积仅为 30%～90%。如青狮潭水库，该水库位于甘棠江，为大型水库，控制流域面积 474km²，占甘棠江流域面积的 62.0%，总库容 6.08 亿 m³，调节库容 3.68 亿 m³，具有多年调节性能，在七都河、兰田河、黄梅河入库河流上分别建有和平、两合、黄梅水文站（见图 4-2），这三个水文站集水面积分别为 16.9km²、11.6km²、27km²，占水库集水面积的 55.5%。

图 4-2 青狮潭水库流域站网布设图

又如龟石水库，该水库位于贺江上游，距钟山县城约 15km，是一座发电、灌溉、防洪、养殖、旅游综合效益显著的大型水利工程，水库集雨面积 1254km²，总库容 5.95 亿 m³，其中调洪库容 1.55 亿 m³，有效库容 3.48 亿 m³，死库容 0.92 亿 m³，在贺江上游、石家河入库河流上分别建有富阳、东庄水文站（见图 4-3），这两个水文站集水面积分别为 503km²、285km²，占水库集水面积的 62.8%。

斧子口水库，该水库位于兴安县溶江镇与华江乡境内，坝址

图 4-3　龟石水库流域站网布设图

距桂林市分别为 58km，水库的总库容为 2.06 亿 m³，防洪库容
0.89 亿 m³，集水面积为 314km²。在六洞河、华江河上分别建
有华江、鲤鱼塘水文站（见图 4-4），这两个水文站集水面积分
别为 64km²、51km²，占水库集水面积的 36.6%。

　　六蓝水库，该水库位于横县校椅乡的镇龙江一级支流镇龙江
上，位于校椅乡六蓝村，是一座以灌溉为主兼有防洪、发电、养
鱼等综合利用的水利工程。坝址以上集雨面积 195km²，河道坡
降为 5.5‰。水库总库容 9552 万 m³，有效库容 6600 万 m³，调
洪库容 2802 万 m³，死库容 150 万 m³。在镇龙江上设立有镇龙
水文站（见图 4-5），该站集水面积为 108km²，占水库集水面
积的 55.4%。

图 4-4 斧子口水库流域站网布设图

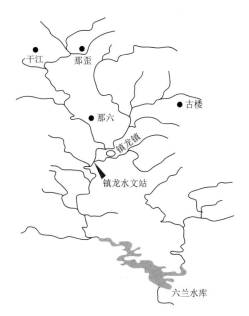

图 4-5 六蓝水库流域站网布设图

据统计，这一类型的水库所占广西水库总数比重不大，仅有60座左右。

有非控制性水文站的入库洪水分析，可先分析计算入库水文站的洪水过程，然后计算入库水文站次洪水过程的洪水总量，再采用水文比拟法计算得到入库洪水总量，一般以万 m^3 或百万 m^3 计。计算公式如下：

$$W_{入库} = \frac{W_{入库站}}{F_{入库站}} F_{水库} \frac{P_{水库}}{P_{入库站}} \qquad (4-1)$$

$$W_{库水面} = 0.1 P_{库区} F_{水面} \qquad (4-2)$$

式中　　$W_{入库}$——次洪过程入库洪水量，万 m^3；

　　　　$W_{入库站}$——入库水文站次洪过程入库洪水量，万 m^3；

　　　　$F_{入库站}$——入库站以上流域集水面积，km^2；

　　　　$F_{水库}$——水库以上流域集水面积，km^2；

　　　　$F_{水面}$——库水面集水面积，km^2；

　　　　$P_{库区}$——库水面的降雨量，mm；

　　　　$W_{库水面}$——库水面的径流量，万 m^3。

其最大入库流量可采用水文比拟法进行推求，水文比拟法计算公式如下：

$$Q_{m水库} = K_1 K_2 Q_{m入库站} \qquad (4-3)$$

其中

$$K_1 = F_{水库} / F_{入库站} \qquad K_2 = P_{水库} / P_{入库站} \qquad (4-4)$$

式中　　$F_{水库}$——水库以上流域集水面积，km^2；

　　　　$F_{入库站}$——入库站以上流域集水面积，km^2；

　　　　$P_{水库}$——水库以上面降雨量，mm；

　　　　$P_{入库站}$——入库站面降雨量，mm。

4.3　水库集水区只有雨量监测站

在水库集水区域上仅建有雨量监测站，且控制集水面积占库区面积的 30% 以下。如武鸣区的仙湖水库、上林县的大龙洞水库、桂平市的金田水库（见图 4-6）等。

图 4-6　金田水库监测站网示意图

据统计，目前这一类型的水库占广西水库总数也不是太多，仅约占 10%。根据广西水安全保障规划，"十四五"末，将建成与水安全保障要求相适应、与现代化进程相协调的水利信息化体系，水库水雨情自动监测覆盖率超过 95%，此时这一类型的水库将成绝大多数。

在水库集水流域面积上仅建有雨量监测站的入库洪水分析计算一般可采用如下方法：

（1）可将水库集水区域作为一个整体，虚拟为一个入库站，借用相邻水文站的产汇流参数，计算推求虚拟入库站的洪水过程，然后计算虚拟入库站的次洪水过程的洪水总量，再采用水文比拟法计算得到入库洪水总量。

（2）根据分析水库所在区域，通过广西水文产汇流参数图集，查得水库所在地产汇流参数，再计算推求虚拟入库站的洪水过程，然后计算虚拟入库站的次洪水过程的洪水总量，再采用水文比拟法等计算得到入库洪水总量。

（3）通过借用邻近水文站径流系数，直接用水库面降雨量计算径流量，计算公式如下：

$$W = 0.1\delta F\overline{P}_{面} \tag{4-5}$$

式中　W——入库站次洪水过程洪水总量，万 m^3；

　　　δ——径流系数；

　　　F——水库集水面积，km^2；

　　　$\overline{P}_{面}$——流域面平均降雨量，mm。

4.4　水库集水区无水雨情监测站

在水库集水区域上既没有水文监测站，也没有雨量监测站。如南宁市西乡塘区天雹水库、桂林市临桂区大江水库、柳州市柳城县安乐水库、梧州市藤县白石水库、贺州市钟山县龙潭水库等。这一类型水库十分众多，尤其是小型水库绝大多数均属于这一类型，约占广西水库的80％。当广西小型水库雨水情测报和安全监测设施建设工程完成后，情况将会得到极大改变。

在水库集水区域上既没有水文监测站，也没有雨量监测站情况下，其入库洪水分析计算方法与水库集水流域面积上仅建有雨量监测站的情况相似，不同之处只在于需参照借用水库区域相邻雨量站的降雨信息，同时需分析次降雨的区域差异性，能取周边多个站点作面分析最好，这样能消除单个站点的点—面误差。确定水库的次降雨量后，其余计算同有雨量监测站的情况一致。

5 水库调洪计算

5.1 水库调洪计算的任务

水库是控制洪水的有效工程措施，其调节洪水的作用在于拦蓄洪水、削减洪峰、延长泄洪时间，使下泄流量能安全通过下游河道。入库洪水经水库的拦蓄、滞留作用以及泄水建筑物对下泄的制约，使出库洪水过程产生变形。与入库洪水过程相比，出库洪水的洪峰流量显著减小，过程历时大大延长。这种入库洪水流经水库产生的上述泄水变形，称为水库洪水调节。水库调洪计算的目的是在已拟定泄洪建筑物及已确定防洪限制水位（或其他起调水位）的情况下，利用给出的入库洪水过程、泄洪建筑物的泄洪能力曲线及库容曲线等基本资料，按照规定的防洪调度规则，推求水库的泄洪过程、水库洪水位过程、相应的最高库水位和最大下泄流量。

若水库不承担下游防洪任务，则水库调洪计算的任务为研究和选择能确保水工建筑物安全的调洪方式，并配合泄洪建筑的形式、尺寸和高程的选择，最终确定水库的设计洪水位、校核洪水位、调洪库容及相应的最大泄流量。若水库担负下游防洪任务，首先应根据下游防洪保护对象的防洪标准、下游河道安全泄量、坝址至防洪点控制断面之间的区间入流情况，配合泄洪建筑物形式和规模，合理拟定水库的泄流方式，确定水库的防洪库容及相应的防洪高水位；其次，根据下游防洪对泄洪方式的要求，进一步拟定为保证水库建筑安全的泄洪方式，经调洪计算，确定水库的设计洪水位、校核洪水位及相应的调洪库容。

5.2 水库调洪计算基本公式

洪水进入水库后形成的洪水波运动,其水力学性质属于明渠渐变非恒定流。常用的调洪计算方法,往往忽略库区回水水面比降对蓄水容积的影响,只按水平面的近似情况考虑水库的蓄水容积(静库容)。水库调洪计算的基本公式是水量平衡方程式,即

$$\overline{Q}\Delta t - \overline{q}\Delta t + (p - E)\overline{A} = \Delta V \tag{5-1}$$

$$\frac{Q_1 + Q_2}{2}\Delta t - \frac{q_1 + q_2}{2}\Delta t = V_2 - V_1 \tag{5-2}$$

式中　Q_1、Q_2——时段初、时段末入库流量,m^3/s;

　　　q_1、q_2——时段初、时段末出库流量,m^3/s;

　　　V_1、V_2——时段初、时段末水库蓄水量,m^3。

此外,也可采用比较分析法进行计算,即以水库设计洪水成果为基础,按比较分析法求得最高库水位和最大下泄流量。

$$Q_{m下} = Q_p \frac{W_{次洪} - W_{蓄}}{W_p} \tag{5-3}$$

式中　$Q_{m下}$——最大下泄流量;

　　　Q_p——水库某设计频率洪水下泄流量;

　　　$W_{次洪}$——次洪过程入库洪水总量;

　　　$W_{蓄}$——水库现时蓄至泄洪道顶的水库蓄水变量;

　　　W_p——某设计洪水的洪量。

下面介绍水库无闸门控制和有闸门控制两种情况下的水库调洪计算过程。

5.3 无闸门控制

无闸门控制即水库泄流方式为自由排泄,其水库调洪计算通

常采用水量平衡逐时段演算或简单比较分析法。

5.3.1 水量平衡逐时段演算

水量平衡逐时段演算即对水量平衡方程式（5-1）进行求解，联立方程（5-4），其方程式如下：

$$q = \int(V) \qquad (5-4)$$

求解这两个方程的方法很多，常用的有试算法、半图解法等，在此推荐采用半图解法，具体步骤如下：

先将式（5-1）改写成：

$$\left(\frac{V_1}{\Delta t} + \frac{q_1}{2}\right) + \overline{Q} - q_1 = \frac{V_2}{\Delta t} + \frac{q_2}{2} \qquad (5-5)$$

对式（5-5）右端项利用式（5-4）代入，即可转化为 q 的函数。也就是说，可以通过事先绘制 $q - \left(\frac{V}{\Delta t} + \frac{q}{2}\right)$ 关系曲线，此线称为调洪演算工作曲线。由于式（5-5）中左边各项均为已知数，因此右端两项之和，即 $\frac{V}{\Delta t} + \frac{q}{2}$ 也就求出了，于是根据 $\frac{V}{\Delta t} + \frac{q}{2}$ 值，查已建立的 $q - \left(\frac{V}{\Delta t} + \frac{q}{2}\right)$ 关系曲线便可得到出库流量 q_2，重复以上步骤连续计算即可得到所需计算成果。

如某水库的水库水位—库容—下泄流量关系见表5-1，通过计算得到该水库 $\frac{V}{\Delta t} + \frac{q}{2}$ 计算成果见表5-1。

表5-1　　　　　　水库水位—库容—下泄流量关系表

库水位/m	库容/万 m³	下泄流量/(m³/s)	$\frac{V}{\Delta t} + \frac{q}{2}$	库水位/m	库容/万 m³	下泄流量/(m³/s)	$\frac{V}{\Delta t} + \frac{q}{2}$
90.00	0.00	0	0.00	96.90	1.31	0	3.64
95.00	0.95	0	2.64	97.00	1.33	1.51	4.45
96.00	1.14	0	3.17	98.00	1.52	55.0	31.72

库水位/m	库容/万 m³	下泄流量/(m³/s)	$\frac{V}{\Delta t}+\frac{q}{2}$	库水位/m	库容/万 m³	下泄流量/(m³/s)	$\frac{V}{\Delta t}+\frac{q}{2}$
99.00	1.71	145	77.25	103.70	65.82	845	605.36
100.00	1.90	260	135.28	103.80	67.88	864	620.44
100.50	8.85	326	187.58	103.90	69.94	883	635.59
101.00	15.80	396	241.89	104.00	72.00	902	650.80
101.50	24.70	470	303.61	104.10	74.30	921	666.74
102.00	33.60	549	367.83	104.20	76.60	940	682.76
102.50	42.50	632	434.06	104.30	78.90	959	698.87
103.00	51.40	718	501.78	104.40	81.20	979	714.98
103.10	53.46	736	516.36	104.50	83.50	998	731.19
103.20	55.52	754	531.02	104.60	85.80	1018	747.53
103.30	57.58	772	545.74	104.70	88.10	1038	763.87
103.40	59.64	790	560.55	104.80	90.40	1058	780.21
103.50	61.70	808	575.41	104.90	92.70	1078	796.67
103.60	63.76	826	590.36	105.00	95.15	1099	813.73

5.3.2 简单比较分析法

通过水库设计成果，采用比较分析的方法求得次洪水过程库最高库水位和最大下泄流量。如某小（2）型水库水文设计成果见表 5-2。

表 5-2　　　　　水 库 特 征 值 表

频　　　率	$p=0.5\%$	$p=5\%$	$p=10\%$
正常蓄水位/m		106.90	
堰顶高程/m		106.90	
设计洪水位/m		107.89	
校核洪水位/m		108.05	

频　　率	$p=0.5\%$	$p=5\%$	$p=10\%$
死水位/m		102.00	
设计暴雨/mm	346	233	178
最大入库洪峰流量/(m³/s)	15.2	11.8	9.72
洪水总量/万 m³	15.1	10.4	8.59
库水位/m	108.05	107.89	107.75
对应库容/万 m³	11.14	10.45	9.65
最大下泄流量/(m³/s)	11.2	8.78	7.55

水库堰顶高程对应的正常蓄水量为 8.6 万 m³。某次暴雨过程，初起该水库水位为 105.5m，对应库容为 7.2 万 m³，次降雨过程总量为 160mm。次洪总量为：$160/178 \times 8.59 = 7.72$ 万 m³；最大下泄流量为：$[7.72 - (8.6 - 7.2)]/8.59 \times 7.55 = 5.55 m³/s$。由水库泄洪曲线即可查得到水库的最高水库水位及最大蓄水量。

5.4　有闸门控制

当水库有闸门控制时，计算方式有两种，即按控制规程调度和按自由泄流方式调度两种。

5.4.1　按控制规程调度

有闸门控制的水库，严格按照管理部门下达的水库汛期调度运行规则控制洪水下泄。则有

$$\Delta W = \sum_{j=1}^{n} (Q_{入j} - Q_{下泄j}) t \quad (j=1, \cdots, n) \qquad (5-6)$$

$$W_m = W_{初始} + \Delta W \qquad (5-7)$$

式中　$Q_{入j}$——第 j 时刻入库流量；

$\qquad Q_{下泄j}$——第 j 时刻出库流量；

t——时段长，s；

ΔW——水库蓄水变量；

$W_{初始}$——水库初始蓄水量；

W_m——次洪过程水库达到的蓄水量。

一般地，都要依据水库下游重点防洪目标的具体需求进行科学调度。依据 W_m，由水库的库容曲线 $Z = \int W$ 即可推求得到最高库水位。

5.4.2　按自由排泄方式运行

当入库洪水流量达到水库设计洪水量级时，河道径流式电站水库闸门全部打开，坝前水位消落至接近天然河道状况。非径流式水库，其闸门也全部打开，此时可按无闸门控制自由排泄方式进行调节分析计算。

6 应 用 实 例

6.1 典型水库选取

根据上述介绍的方法，每种类型选取一个典型水库进行介绍，主要分为有入库控制水文站、有入库非控制性水文站、水库集水区只有雨量监测站、水库集水区无水雨情监测站等 4 种典型水库。

6.2 有入库控制性水文站的典型水库

有入库控制性水文站的典型水库以南宁市邕宁水利枢纽工程为典型水库进行介绍。

南宁市邕宁水利枢纽工程，是一座以改善城市水环境、航运为主，兼顾水力发电及其他的综合性水利枢纽工程。坝址位于郁江干流南宁段邕江下游青秀区仙葫开发区牛湾半岛处，上距南宁市邕江一桥 44km，距老口枢纽 74km，下距西津水电站 124km。坝址以上流域面积为 75801km^2，库区位于东经 107°45′∼108°31′，北纬 20°12′∼22°47′之间，坝址多年平均流量 1300m^3/s，多年平均径流量 410.0 亿 m^3，正常蓄水位相应库容 3.05 亿 m^3。南宁市邕宁水利枢纽工程项目是郁江干流综合利用规划中的第八个梯级。

6.2.1 代表入库站确定

南宁水文（三）站设立于邕宁水利枢纽上游约 53km 处，该站控制面积为 72656km² ，占邕宁水利枢纽坝址以上集水面积的 95.9%，为邕宁水利枢纽的控制性水文站。

6.2.2　入库洪水分析

以 2019 年 8 月上旬的一场暴雨洪水过程为例，2019 年 8 月上旬初至上旬中，郁江流域普降大雨至大暴雨，主要暴雨区域在左江上、中游一带，武鸣河流域及右江降雨量较少；1 日 14 时至 6 日 4 时，南宁站以上流域面平均降雨量为 58.7mm，左江上游累积最大点位于上思县叫安镇，降雨量为 361.5mm。

根据雨水情分析，进行入库洪水分析计算得此次洪水南宁站洪峰水位为 72.10m，相应洪峰流量为 7900m³/s，起涨流量为 1580m³/s。根据"南宁水文站典型洪水的洪峰水位洪量统计表"分析，本次洪水过程洪水总量为 31 亿 m³ 左右，占次降雨水量 42.6 亿 m³ 的 72.7%，计算结果较为合理。本次崇左、隆安、南宁（三）3 个水文站洪水过程线如图 6-1 所示。

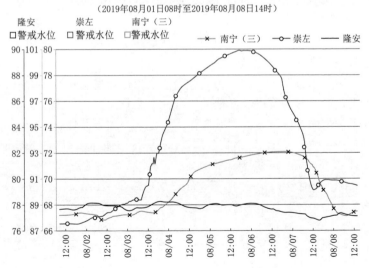

图 6-1　崇左、隆安、南宁（三）3 个水文站洪水过程线图

6.2.3 水库调洪计算

邕宁水利枢纽设置有泄洪闸坝，因此，水库调洪计算按照有闸门控制类型进行，即按控制规程调度，具体计算方法详见 5.4 节。邕宁水利枢纽水位—下泄流量关系如图 6-2 所示。

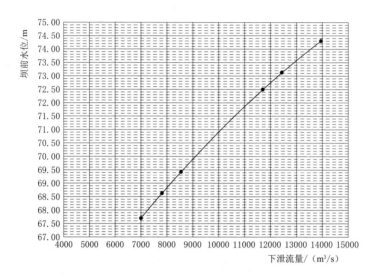

图 6-2　邕宁水利枢纽水位—下泄流量关系图（自由下泄）

根据邕宁水利枢纽调度运行规则，当入库流量达到 $7000 m^3/s$ 时，枢纽机组停止发电，泄洪闸全部打开泄洪。由入库洪水分析计算可知，最大入库流量取 $7900 m^3/s$，查其水位—流量关系即可得到邕宁枢纽坝前最高洪水位为 68.8m。

6.2.4 合理性分析

根据上述计算及资料收集整理，2019 年 8 月场次洪水邕宁水文站最高洪水位为 69.25m，邕宁水文站至邕宁枢纽坝前落差 0.4m 左右，故求得邕宁水利枢纽坝前最高洪水位为 68.8m 是准确的。

6.3 有入库非控制性水文站的典型水库

有入库非控制性水文站即在水库集水区域内设有水文站，但水文监测站的控制的流域面积占水库集水面积仅在30%～90%之间。以桂林市斧子口水库为典型水库。斧子口水库位于兴安县溶江镇与华江乡境内，坝址距桂林市分别为58km，水库的总库容为2.06亿 m³，防洪库容0.89亿 m³，集水面积为314km²。以2021年7月上旬洪水作为例。斧子口水库按100年一遇洪水设计，相应坝前最高水位为268.00m，相应库容为1.8200亿 m³，洪峰流量为3830m³/s；1000年一遇洪水校核，相应坝前最高水位为270.93m，相应库容为2.06亿 m³，洪峰流量为3830m³/s。

6.3.1 代表入库站确定

斧子口水库集水区在六洞河、华江河上分别建有华江、鲤鱼塘水文站，这两个水文站集水面积分别为64km²、51km²，占水库集水面积的36.6%。目前只有华江站有水位监测信息，因此，采用分析法推求华江站水位—流量关系线，并以此推求得到该站洪水流量过程。

分析法以同次暴雨洪水过程相邻川江上的洞上站洪水流量为参考，认为两者同次过程径流系数相同；以次洪径流量为控制，前期流量按面积比计算，洪水流量按水文比拟法计算，面积比系数参考区域性取值，由此分析推求得到华江站水位—流量关系曲线，见图6-3；并据此得到洪水流量过程，见图6-4。

6.3.2 入库洪水分析

依据华江站洪水成果，采用水文比拟、地区单位线等水文分析方法推求得到斧子口水库入库汇流单位线，见表6-1。

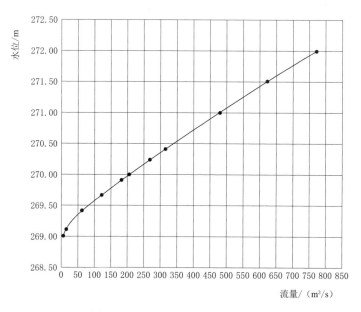

图 6-3　华江站水位—流量关系图

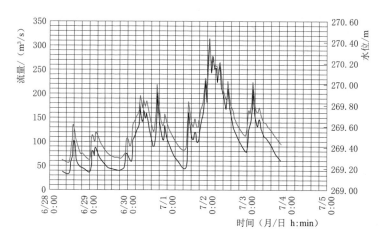

图 6-4　华江站洪水水位、流量过程线

表 6-1   斧子口水库入库汇流单位线

t	t/k	$s(t)$	u	$C \cdot u$
0	0	0	0	0
1	0.63	0.007	0.007	0.61
2	1.25	0.057	0.05	6.36
3	2.5	0.299	0.137	12.62
4	3.75	0.539	0.093	16.8
5	4.38	0.694	0.155	9.75
6	5	0.782	0.088	6.47
7	5.63	0.85	0.068	4.93
8	6.25	0.898	0.048	3.39
9	6.88	0.932	0.034	2.26
10	7.5	0.956	0.024	1.65
11	8.13	0.972	0.016	1.24
12	8.75	0.982	0.01	0.87
13	9.38	0.989	0.007	0.61
14	10	0.993	0.004	0.35
15	10.63	0.995	0.002	0.17
16	11.25	0.997	0.002	0.13
17	11.88	0.998	0.001	0.09
18	12.5	0.999	0.001	0.05
19	13.13	0.999	0	0

由此即可分析计算得到斧子口水库的入库洪水过程，见表 6-2。

表 6-2   斧子口水库入库洪水过程

时间 （年/月/日 h：min）	入库洪水 /(m³/s)	时段洪量 /万 m³	累积洪量 /万 m³
2023/6/28 8：00	33		
2023/6/28 9：00	132	29.70	29.70

续表

时间 （年/月/日 h：min）	入库洪水 /(m³/s)	时段洪量 /万 m³	累积洪量 /万 m³
2023/6/28 10：00	239	66.78	96.48
2023/6/28 11：00	310	98.82	195.30
2023/6/28 12：00	191	90.18	285.48
2023/6/28 13：00	135	58.68	344.16
2023/6/28 14：00	109	43.92	388.08
2023/6/28 15：00	83	34.56	422.64
2023/6/28 16：00	64	26.46	449.10
2023/6/28 17：00	54	21.24	470.34
2023/6/28 18：00	47	18.18	488.52
2023/6/28 19：00	42	16.02	504.54
2023/6/28 20：00	37	14.22	518.76
2023/6/28 21：00	33	12.60	531.36
2023/6/28 22：00	31	11.52	542.88
2023/6/28 23：00	34	11.70	554.58
2023/6/29 0：00	43	13.86	568.44
2023/6/29 1：00	139	32.76	601.20
2023/6/29 2：00	314	81.54	682.74
2023/6/29 3：00	471	141.30	824.04
2023/6/29 4：00	430	162.18	986.22
2023/6/29 5：00	287	129.06	1115.28
2023/6/29 6：00	212	89.82	1205.10
2023/6/29 7：00	202	74.52	1279.62
2023/6/29 8：00	194	71.28	1350.90
2023/6/29 9：00	168	65.16	1416.06
2023/6/29 10：00	152	57.60	1473.66
2023/6/29 11：00	141	52.74	1526.40

续表

时间 （年/月/日 h：min）	入库洪水 /(m³/s)	时段洪量 /万 m³	累积洪量 /万 m³
2023/6/29 12：00	131	48.96	1575.36
2023/6/29 13：00	125	46.08	1621.44
2023/6/29 14：00	119	43.92	1665.36
2023/6/29 15：00	116	42.30	1707.66
2023/6/29 16：00	115	41.58	1749.24
2023/6/29 17：00	114	41.22	1790.46
2023/6/29 18：00	113	40.86	1831.32
2023/6/29 19：00	117	41.40	1872.72
2023/6/29 20：00	120	42.66	1915.38
2023/6/29 21：00	142	47.16	1962.54
2023/6/29 22：00	197	61.02	2023.56
2023/6/29 23：00	254	81.18	2104.74
2023/6/30 0：00	279	95.94	2200.68
2023/6/30 1：00	248	94.86	2295.54
2023/6/30 2：00	234	86.76	2382.30
2023/6/30 3：00	207	79.38	2461.68
2023/6/30 4：00	180	69.66	2531.34
2023/6/30 5：00	164	61.92	2593.26
2023/6/30 6：00	155	57.42	2650.68
2023/6/30 7：00	148	54.54	2705.22
2023/6/30 8：00	142	52.20	2757.42
2023/6/30 9：00	140	50.76	2808.18
2023/6/30 10：00	138	50.04	2858.22
2023/6/30 11：00	137	49.50	2907.72
2023/6/30 12：00	135	48.96	2956.68
2023/6/30 13：00	134	48.42	3005.10

续表

时间 （年/月/日 h：min）	入库洪水 /(m³/s)	时段洪量 /万 m³	累积洪量 /万 m³
2023/6/30 14：00	138	48.96	3054.06
2023/6/30 15：00	148	51.48	3105.54
2023/6/30 16：00	246	70.92	3176.46
2023/6/30 17：00	392	114.84	3291.30
2023/6/30 18：00	509	162.18	3453.48
2023/6/30 19：00	430	169.02	3622.50
2023/6/30 20：00	322	135.36	3757.86
2023/6/30 21：00	271	106.74	3864.60
2023/6/30 22：00	233	90.72	3955.32
2023/6/30 23：00	204	78.66	4033.98
2023/7/1 0：00	185	70.02	4104.50
2023/7/1 1：00	174	64.62	4168.62
2023/7/1 2：00	166	61.20	4229.82
2023/7/1 3：00	159	58.50	4288.32
2023/7/1 4：00	153	56.16	4344.48
2023/7/1 5：00	152	54.90	4399.38
2023/7/1 6：00	151	54.54	4453.92
2023/7/1 7：00	150	54.18	4508.10
2023/7/1 8：00	149	53.82	4561.92
2023/7/1 9：00	148	53.46	4615.38
2023/7/1 10：00	147	53.10	4668.48
2023/7/1 11：00	151	53.64	4722.12
2023/7/1 12：00	156	55.26	4777.38
2023/7/1 13：00	203	64.62	4842.00
2023/7/1 14：00	253	82.08	4924.08
2023/7/1 15：00	287	97.20	5021.28

续表

时间 （年/月/日 h：min）	入库洪水 /(m³/s)	时段洪量 /万 m³	累积洪量 /万 m³
2023/7/1 16：00	231	93.24	5114.52
2023/7/1 17：00	205	78.48	5193.00
2023/7/1 18：00	193	71.64	5264.64
2023/7/1 19：00	202	71.10	5335.74
2023/7/1 20：00	253	81.9	5417.64
2023/7/1 21：00	386	115.02	5532.66
2023/7/1 22：00	592	176.04	5708.70
2023/7/1 23：00	705	233.46	5942.16
2023/7/2 0：00	699	252.72	6194.88
2023/7/2 1：00	616	236.70	6431.58
2023/7/2 2：00	619	222.30	6653.88
2023/7/2 3：00	629	224.64	6878.52
2023/7/2 4：00	652	230.58	7109.10
2023/7/2 5：00	672	238.32	7347.42
2023/7/2 6：00	788	262.80	7610.22
2023/7/2 7：00	735	274.14	7884.36
2023/7/2 8：00	650	249.30	8133.66
2023/7/2 9：00	571	219.78	8353.44
2023/7/2 10：00	499	192.60	8546.04
2023/7/2 11：00	403	162.36	8708.40
2023/7/2 12：00	345	134.64	8843.04
2023/7/2 13：00	309	117.72	8960.76
2023/7/2 14：00	283	106.56	9067.32
2023/7/2 15：00	263	98.28	9165.6
2023/7/2 16：00	251	92.52	9258.12
2023/7/2 17：00	241	88.56	9346.68

续表

时间 （年/月/日 h：min）	入库洪水 /(m³/s)	时段洪量 /万 m³	累积洪量 /万 m³
2023/7/2 18：00	233	85.32	9432.00
2023/7/2 19：00	230	83.34	9515.34
2023/7/2 20：00	231	82.98	9598.32
2023/7/2 21：00	228	82.62	9680.94
2023/7/2 22：00	226	81.72	9762.66
2023/7/2 23：00	224	81.00	9843.66
2023/7/3 0：00	229	81.54	9925.20
2023/7/3 1：00	380	109.62	10034.82
2023/7/3 2：00	574	171.72	10206.54
2023/7/3 3：00	678	225.36	10431.90
2023/7/3 4：00	560	222.84	10654.74
2023/7/3 5：00	436	179.28	10834.02
2023/7/3 6：00	365	144.18	10978.20
2023/7/3 7：00	312	121.86	11100.06
2023/7/3 8：00	273	105.30	11205.36
2023/7/3 9：00	248	93.78	11299.14
2023/7/3 10：00	233	86.58	11385.72
2023/7/3 11：00	221	81.72	11467.44
2023/7/3 12：00	212	77.94	11545.38
2023/7/3 13：00	204	74.88	11620.26
2023/7/3 14：00	198	72.36	11692.62
2023/7/3 15：00	195	70.74	11763.36
2023/7/3 16：00	194	70.02	11833.38
2023/7/3 17：00	194	69.84	11903.22
2023/7/3 18：00	193	69.66	11972.88
2023/7/3 19：00	192	69.30	12042.18

续表

时间 （年/月/日 h：min）	入库洪水 /（m³/s）	时段洪量 /万 m³	累积洪量 /万 m³
2023/7/3 20：00	192	69.12	12111.30
2023/7/3 21：00	191	68.94	12180.24
2023/7/3 22：00	191	68.76	12249.00
2023/7/3 23：00	190	68.58	12317.58
2023/7/4 0：00	189	68.22	12385.80
2023/7/4 1：00	188	67.86	12453.66
2023/7/4 2：00	188	67.68	12521.34
2023/7/4 3：00	187	67.50	12588.84
2023/7/4 4：00	186	67.14	12655.98

6.3.3 水库调洪计算

根据入库洪水分析成果及斧子口水库调度规程进行调洪计算。

已知，6月28日8时，库水位为250.24m，蓄水量为7280万 m³，离汛限水位252m差1.76m，容纳水量为1277万 m³。若只考虑先蓄水，则可维持最小流量下泄。根据入库洪水过程及出库过程计算，将在6月29日7时前后蓄至汛限水位252m。如若能结合天气预报近期仍有强降雨，则可同时考虑水电站效益最大化，即可按满负荷运行，暂且定为35m³/s，如此6月29日7时库水位则为251.46m。

鉴于7月1日后水库汛限水位将调整为263m，有较大调节空间，考虑到近期仍维持降雨天气，则可自6月29日9时后按35m³/s出库，至7月1日8时，库水位达到257.24m。此时若预报仍有暴雨，则建议自9时起出库流量加大至100m³/s，至7月3日8时，库水位达到265.33m，虽然已经超汛限2.33m，但离防洪高水位268m仍有较大空间。桂林站同期洪水过程如图6-5所示。

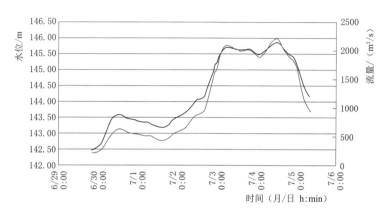

图 6-5　桂林站同期洪水过程线

此时降雨量已趋减弱，下游桂林市河段已出峰回落，宜适当加大出库流量，按不大于入库控制，故建议自 3 日 9 时起按 $250m^3/s$ 控制，则 9 时后库水位将逐步降低，至 4 日 2 时降至 265m 以下。演算过程见表 6-3。

从斧子口水库调洪演算成果可见，如调度得更优些，桂林市河段洪峰水位仍可较实际还低些。

表 6-3　　　　　　　斧子口水库调洪演算成果表

时间（月/日 h：min）	入库洪水/(m³/s)	时段洪量/万 m³	时段扣泄后水量/万 m³	水库蓄水量/万 m³	出库洪水/(m³/s)	时段扣泄后水量/万 m³	水库蓄水量/万 m³	出库洪水/(m³/s)
6/28 8：00	33			7280			7280	
6/28 9：00	132	29.7	28.98	7309	2	17.1	7297	35
6/28 10：00	239	66.78	66.06	7375	2	54.18	7351	35
6/28 11：00	310	98.82	98.1	7473	2	86.22	7438	35
6/28 12：00	191	90.18	89.46	7563	2	77.58	7515	35
6/28 13：00	135	58.68	57.96	7621	2	46.08	7561	35

时间 （月/日 h：min）	入库 洪水 /(m³/s)	时段 洪量 /万 m³	时段扣 泄后水 量 /万 m³	水库蓄 水量 /万 m³	出库 洪水 /(m³/s)	时段扣泄 后水量 /万 m³	水库蓄 水量 /万 m³	出库洪水 /(m³/s)
6/28 14：00	109	43.92	43.2	7664	2	31.32	7592	35
6/28 15：00	83	34.56	33.84	7698	2	21.96	7614	35
6/28 16：00	64	26.46	25.74	7723	2	13.86	7628	35
6/28 17：00	54	21.24	20.52	7744	2	8.64	7637	35
6/28 18：00	47	18.18	17.46	7761	2	5.58	7643	35
6/28 19：00	42	16.02	15.3	7777	2	3.42	7646	35
6/28 20：00	37	14.22	13.5	7790	2	1.62	7648	35
6/28 21：00	33	12.6	11.88	7802	2	0	7648	35
6/28 22：00	31	11.52	10.8	7813	2	−1.08	7646	35
6/28 23：00	34	11.7	10.98	7824	2	−0.9	7646	35
6/29 0：00	43	13.86	13.14	7837	2	1.26	7647	35
6/29 1：00	139	32.76	32.04	7869	2	20.16	7667	35
6/29 2：00	314	81.54	80.82	7950	2	68.94	7736	35
6/29 3：00	471	141.3	140.58	8090	2	128.7	7865	35
6/29 4：00	430	162.18	161.46	8252	2	149.58	8014	35
6/29 5：00	287	129.06	128.34	8380	2	116.46	8131	35
6/29 6：00	212	89.82	89.1	8469	2	77.22	8208	35
6/29 7：00	202	74.52	73.8	8543	2	61.92	8270	35
6/29 8：00	194	71.28	70.56	8614	2	58.68	8329	35
6/29 9：00	168	65.16	52.56	8666	35	52.56	8381	35
6/29 10：00	152	57.6	45	8711	35	45.00	8426	35
6/29 11：00	141	52.74	40.14	8751	35	40.14	8466	35
6/29 12：00	131	48.96	36.36	8788	35	36.36	8503	35
6/29 13：00	125	46.08	33.48	8821	35	33.48	8536	35

续表

时间 （月/日 h：min）	入库洪水 /(m³/s)	时段 洪量 /万 m³	时段扣 泄后 水量 /万 m³	水库蓄 水量 /万 m³	出库洪水 /(m³/s)	时段扣泄 后水量 /万 m³	水库蓄 水量 /万 m³	出库洪水 /(m³/s)
6/29 14：00	119	43.92	31.32	8852	35	31.32	8567	35
6/29 15：00	116	42.3	29.7	8882	35	29.7	8597	35
6/29 16：00	115	41.58	28.98	8911	35	28.98	8626	35
6/29 17：00	114	41.22	28.62	8940	35	28.62	8655	35
6/29 18：00	113	40.86	28.26	8968	35	28.26	8683	35
6/29 19：00	117	41.4	28.8	8997	35	28.8	8712	35
6/29 20：00	120	42.66	30.06	9027	35	30.06	8742	35
6/29 21：00	142	47.16	34.56	9061	35	34.56	8776	35
6/29 22：00	197	61.02	48.42	9110	35	48.42	8825	35
6/29 23：00	254	81.18	68.58	9178	35	68.58	8893	35
6/30 0：00	279	95.94	83.34	9262	35	83.34	8977	35
6/30 1：00	248	94.86	82.26	9344	35	82.26	9059	35
6/30 2：00	234	86.76	74.16	9418	35	74.16	9133	35
6/30 3：00	207	79.38	66.78	9485	35	66.78	9200	35
6/30 4：00	180	69.66	57.06	9542	35	57.06	9257	35
6/30 5：00	164	61.92	49.32	9591	35	49.32	9306	35
6/30 6：00	155	57.42	44.82	9636	35	44.82	9351	35
6/307：00	148	54.54	41.94	9678	35	41.94	9393	35
6/30 8：00	142	52.2	39.6	9718	35	39.6	9433	35
6/30 9：00	140	50.76	38.16	9756	35	38.16	9471	35
6/30 10：00	138	50.04	37.44	9793	35	37.44	9508	35
6/30 11：00	137	49.5	36.9	9830	35	36.9	9545	35
6/30 12：00	135	48.96	36.36	9867	35	36.36	9581	35
6/30 13：00	134	48.42	35.82	9902	35	35.82	9617	35

时间（月/日 h：min）	入库洪水/(m³/s)	时段洪量/万 m³	时段扣泄后水量/万 m³	水库蓄水量/万 m³	出库洪水/(m³/s)	时段扣泄后水量/万 m³	水库蓄水量/万 m³	出库洪水/(m³/s)
6/30 14：00	138	48.96	36.36	9939	35	36.36	9654	35
6/30 15：00	148	51.48	38.88	9978	35	38.88	9693	35
6/30 16：00	246	70.92	58.32	10036	35	58.32	9751	35
6/30 17：00	392	114.84	102.24	10138	35	102.24	9853	35
6/30 18：00	509	162.18	149.58	10288	35	149.58	10003	35
6/30 19：00	430	169.02	156.42	10444	35	156.42	10159	35
6/30 20：00	322	135.36	122.76	10567	35	122.76	10282	35
6/30 21：00	271	106.74	94.14	10661	35	94.14	10376	35
6/30 22：00	233	90.72	78.12	10739	35	78.12	10454	35
6/30 23：00	204	78.66	66.06	10805	35	66.06	10520	35
7/1 0：00	185	70.02	57.42	10863	35	57.42	10578	35
7/1 1：00	174	64.62	52.02	10915	35	52.02	10630	35
7/1 2：00	166	61.2	48.6	10963	35	48.6	10678	35
7/1 3：00	159	58.5	45.9	11009	35	45.9	10724	35
7/1 4：00	153	56.16	43.56	11053	35	43.56	10768	35
7/1 5：00	152	54.9	42.3	11095	35	42.3	10810	35
7/1 6：00	151	54.54	41.94	11137	35	41.94	10852	35
7/1 7：00	150	54.18	41.58	11179	35	41.58	10894	35
7/1 8：00	149	53.82	41.22	11220	35	41.22	10935	35
7/1 9：00	148	53.46	17.46	11237	100	17.46	10952	100
7/1 10：00	147	53.1	17.10	11254	100	17.1	10969	100
7/1 11：00	151	53.64	17.64	11272	100	17.64	10987	100
7/1 12：00	156	55.26	19.26	11291	100	19.26	11006	100
7/1 13：00	203	64.62	28.62	11320	100	28.62	11035	100

续表

时间 （月/日 h：min）	入库洪水 /(m³/s)	时段 洪量 /万 m³	时段扣 泄后 水量 /万 m³	水库蓄 水量 /万 m³	出库洪水 /(m³/s)	时段扣泄 后水量 /万 m³	水库蓄 水量 /万 m³	出库洪水 /(m³/s)
7/1 14：00	253	82.08	46.08	11366	100	46.08	11081	100
7/1 15：00	287	97.2	61.20	11427	100	61.2	11142	100
7/1 16：00	231	93.24	57.24	11484	100	57.24	11199	100
7/1 17：00	205	78.48	42.48	11527	100	42.48	11242	100
7/1 18：00	193	71.64	35.64	11563	100	35.64	11277	100
7/1 19：00	202	71.1	35.10	11598	100	35.1	11313	100
7/1 20：00	253	81.9	45.90	11644	100	45.9	11358	100
7/1 21：00	386	115.02	79.02	11723	100	79.02	11437	100
7/1 22：00	592	176.04	140.04	11863	100	140.04	11578	100
7/1 23：00	705	233.46	197.46	12060	100	197.46	11775	100
7/2 0：00	699	252.72	216.72	12277	100	216.72	11992	100
7/2 1：00	616	236.7	200.70	12478	100	200.7	12192	100
7/2 2：00	619	222.3	186.30	12664	100	186.3	12379	100
7/2 3：00	629	224.64	188.64	12852	100	188.64	12567	100
7/2 4：00	652	230.58	194.58	13047	100	194.58	12762	100
7/2 5：00	672	238.32	202.32	13249	100	202.32	12964	100
7/2 6：00	788	262.8	226.80	13476	100	226.8	13191	100
7/2 7：00	735	274.14	238.14	13714	100	238.14	13429	100
7/2 8：00	650	249.3	213.30	13928	100	213.3	13642	100
7/2 9：00	571	219.78	183.78	14111	100	183.78	13826	100
7/2 10：00	499	192.6	156.60	14268	100	156.6	13983	100
7/2 11：00	403	162.36	126.36	14394	100	126.36	14109	100
7/2 12：00	345	134.64	98.64	14493	100	98.64	14208	100
7/2 13：00	309	117.72	81.72	14575	100	81.72	14290	100

续表

时间 （月/日 h：min）	入库洪水 /(m³/s)	时段 洪量 /万 m³	时段扣 泄后 水量 /万 m³	水库蓄 水量 /万 m³	出库洪水 /(m³/s)	时段扣泄 后水量 /万 m³	水库蓄 水量 /万 m³	出库洪水 /(m³/s)
7/2 14：00	283	106.56	70.56	14645	100	70.56	14360	100
7/2 15：00	263	98.28	62.28	14708	100	62.28	14422	100
7/2 16：00	251	92.52	56.52	14764	100	56.52	14479	100
7/2 17：00	241	88.56	52.56	14817	100	52.56	14531	100
7/2 18：00	233	85.32	49.32	14866	100	49.32	14581	100
7/2 19：00	230	83.34	47.34	14913	100	47.34	14628	100
7/2 20：00	231	82.98	46.98	14960	100	46.98	14675	100
7/2 21：00	228	82.62	46.62	15007	100	46.62	14722	100
7/2 22：00	226	81.72	45.72	15053	100	45.72	14767	100
7/2 23：00	224	81	45.00	15098	100	45	14812	100
7/3 0：00	229	81.54	45.54	15143	100	45.54	14858	100
7/3 1：00	380	109.62	73.62	15217	100	73.62	14932	100
7/3 2：00	574	171.72	135.72	15352	100	135.72	15067	100
7/3 3：00	678	225.36	189.36	15542	100	189.36	15257	100
7/3 4：00	560	222.84	186.84	15729	100	186.84	15444	100
7/3 5：00	436	179.28	143.28	15872	100	143.28	15587	100
7/3 6：00	365	144.18	108.18	15980	100	108.18	15695	100
7/3 7：00	312	121.86	85.86	16066	100	85.86	15781	100
7/3 8：00	273	105.3	69.30	16135	100	69.3	15850	100
7/3 9：00	248	93.78	3.78	16139	250	3.78	15854	250
7/3 10：00	233	86.58	−3.42	16136	250	−3.42	15851	250
7/3 11：00	221	81.72	−8.28	16127	250	−8.28	15842	250
7/3 12：00	212	77.94	−12.06	16115	250	−12.06	15830	250
7/3 13：00	204	74.88	−15.12	16100	250	−15.12	15815	250

续表

时间 （月/日 h：min）	入库洪水 /（m³/s）	时段洪量 /万 m³	时段扣泄后水量 /万 m³	水库蓄水量 /万 m³	出库洪水 /（m³/s）	时段扣泄后水量 /万 m³	水库蓄水量 /万 m³	出库洪水 /（m³/s）
7/3 14：00	198	72.36	−17.64	16083	250	−17.64	15797	250
7/3 15：00	195	70.74	−19.26	16063	250	−19.26	15778	250
7/3 16：00	194	70.02	−19.98	16043	250	−19.98	15758	250
7/3 17：00	194	69.84	−20.16	16023	250	−20.16	15738	250
7/3 18：00	193	69.66	−20.34	16003	250	−20.34	15718	250
7/3 19：00	192	69.3	−20.70	15982	250	−20.7	15697	250
7/3 20：00	192	69.12	−20.88	15961	250	−20.88	15676	250
7/3 21：00	191	68.94	−21.06	15940	250	−21.06	15655	250
7/3 22：00	191	68.76	−21.24	15919	250	−21.24	15634	250
7/3 23：00	190	68.58	−21.42	15898	250	−21.42	15612	250
7/4 0：00	189	68.22	−21.78	15876	250	−21.78	15591	250
7/4 1：00	188	67.86	−22.14	15854	250	−22.14	15568	250
7/4 2：00	188	67.68	−22.32	15831	250	−22.32	15546	250
7/4 3：00	187	67.5	−22.50	15809	250	−22.5	15524	250
7/4 4：00	186	67.14	−22.86	15786	250	−22.86	15501	250

6.3.4 合理性分析

由洪水流量过程计算得时段内暴雨产生洪水量为 3164 万 m³，时段降雨折算总水量为 3327 万 m³，径流系数为 0.95，与桐上站基本相同，故认为所分析建立的水位—流量关系是合理可信的，以此为入库洪水分析结果进行水库调洪演算进行调度也是合理的。

6.4 水库集水区只有雨量监测站的典型水库

库区流域内有雨量站的情况，入库洪水分析与无入库控制水文站情况相似。在此以金田水库 2013 年 8 月下旬洪水为例。

金田水库位于桂平市金田镇茶林村，距金田镇 6km，是一座以灌溉为主，兼顾发电、养鱼等综合利用的中型水库，设计灌溉面积 13.07 万亩，实灌面积 10.8 万亩，水电站现总装机 5800kW，保护下游人口 20 万人，耕地 15 万亩。库区集雨面积 240km²，死水位 63.44m，正常水位为 97.9m，水库总库容 7250 万 m³。按 50 年一遇洪水设计，500 年一遇洪水校核，相应设计洪水位 102.15m，洪峰流量 2500m³/s；校核洪水位 102.75m，洪峰流量 3500m³/s，

主坝为浆砌石坝，长 224m，分非溢流坝段和溢流坝段，其中左右岸非溢流坝段坝顶高程 103m，溢流坝段长 38m，为 3 孔弧形闸门控制的实用堰，堰顶高程 91.9m。副坝位于主坝左侧天然口，为浆砌石坝，最大坝高 14m，坝长 53m，坝顶宽约 1m。

6.4.1 代表雨量站确定

金田水库库区建设有自动雨量监测站 7 个，以此作为代表雨量站进行计算。

（1）降雨情况。据观测资料分析，2013 年 8 月 19 日降雨量为 150～300mm，强降雨主要出现在 19 日 0 时至 10 时，其中新安站 1h 最大雨量为 91mm，约为 50 年一遇；最大 3h 雨量达到 232.5mm，约为 200 年一遇。各站点降雨情况见表 6-4。

（2）坝上水位监测情况。据水库水文观测报汛信息记录，8 月 17 日 8 时水位为 94.22m，18 日 8 时水位为 94.92m，19 日 8 时水位为 97.65m，20 日 8 时水位为 96.17m。从安装在水库的监测终端每小时拍摄的照片看，水库水位于 19 日 3 时起涨，8～10 时涨幅最大，接近坝顶。

表 6-4　　　　　金田水库库区及邻近降雨量统计表　　　　单位：mm

时间 （月/日 h）	垌心	罗欧	新安	公主坪	大岭	新旺	罗蛟	流域平均 降雨量
8/18 10	0	0	0	0	0	0.5	0	0.1
8/18 11	3	2.5	0	0	5	5.5	6	3.7
8/18 12	0.5	0	0	0	0	0.5	1	0.3
8/18 13	0	0	0	0.5	0	0	0	0.1
8/18 14	0.5	1	0.5	1	3	0.5	2	1.4
8/18 15	2.5	2.5	9.5	1.5	1.5	0	2	3.3
8/18 16	0	0	0	12	0	0	0.5	2.1
8/18 17	4	0	0	0	0	0	2	0	1.0
8/18 18	0.5	0	0.5	0	0	0	0	0.2
8/18 19	0	0	0	0.5	0	0	0	0.1
8/18 20	2	1	0	0	0.5	0	0.5	0.7
8/18 21	0	1.5	5.5	0.5	0.5	1.5	0	1.6
8/18 22	1	1	3	0.5	1.5	1	0.5	1.4
8/18 23	0.5	0	0.5	1	0	0	0.5	0.4
8/19 0	1.5	4.5	0	0	7.5	6.5	4.5	4.1
8/19 1	4.5	7	7.5	2	5.5	5.5	7	6.5
8/19 2	2	1.5	13.5	17	1.5	1.5	2	6.5
8/19 3	22	18	4.5	13.5	20	20	28.5	21.1
8/19 4	21	15	9	53	19	13	21	25.2
8/19 5	11.5	3	3	56	7.5	5.5	12.5	16.5
8/19 6	0.5	2.5	41	69	2.5	1.5	13.5	21.8
8/19 7	4	11	78	35.5	11.5	9	10	26.5
8/19 8	10	10	63.5	34	12	10.5	18	26.3
8/19 9	13.5	39	91	34.5	26	33.5	19.5	42.8

时间 （月/日 h）	峒心	罗欧	新安	公主坪	大岭	新旺	罗蛟	流域平均 降雨量
8/19 10	30.5	59	6.5	12.5	70.5	44.5	69.5	48.8
8/19 11	14.5	3.5	0	0	4	3	20	7.5
8/19 12	0.5	0	0	0	0.5	1	1.5	0.6
1h 最大	30.5	59.0	91.0	69.0	70.5	44.5	69.5	48.8
3h 最大	58.5	108	232.5	178	108.5	88.5	107	117.9
两日降雨量	150.5	183.5	337	344.5	200	166.5	240.5	270.4

6.4.2 入库洪水分析

由金田水库所在小河流特征分析得到汇流单位线见表 6-5。

表 6-5 汇流单位线表

t/s	t/k	$s(t)$	$u(\Delta t、t)$	$C.u$
0	0	0	0	0
1	1.358	0.087	0.087	5.80
2	2.717	0.386	0.299	19.93
3	4.075	0.674	0.288	19.20
4	5.433	0.851	0.177	11.80
5	6.791	0.939	0.088	5.87
6	8.150	0.977	0.038	2.53
7	9.508	0.992	0.015	1.00
8	10.866	0.997	0.005	0.33
9	12.224	0.999	0.002	0.13
10	13.583	1	0.001	0.07
11	14.941	1	0	0.00

根据水库流域面上时段降雨量分析计算得到水库入库洪水过程，见表 6-6。

表 6－6　　　　　　金田水库入库洪水过程

时间 （月/日 h）	流量 /（m³/s）	时段 洪量 /万 m³	时间 （月/日 h）	流量 /（m³/s）	时段 洪量 /万 m³	时间 （月/日 h）	流量 /（m³/s）	时段 洪量 /万 m³
8/19 0	16.0		8/20 1	49.7	18.018	8/21 2	31.4	11.43
8/19 1	17.3	2.214	8/20 2	49	17.766	8/21 3	30.6	11.16
8/19 2	19.4	4.806	8/20 3	48.2	17.496	8/21 4	29.9	10.89
8/19 3	110	23.292	8/20 4	47.5	17.226	8/21 5	29.2	10.638
8/19 4	323	77.94	8/20 5	46.8	16.974	8/21 6	28.4	10.368
8/19 5	633	172.08	8/20 6	46	16.704	8/21 7	27.7	10.098
8/19 6	1110	313.74	8/20 7	45.3	16.434	8/21 8	27	9.846
8/19 7	1610	489.6	8/20 8	44.6	16.182	8/21 9	26.2	9.576
8/19 8	2204	686.52	8/20 9	43.8	15.912	8/21 10	25.5	9.306
8/19 9	2720	886.32	8/20 10	43.1	15.642	8/21 11	24.7	9.036
8/19 10	2910	1013.4	8/20 11	42.4	15.39	8/21 12	24	8.766
8/19 11	2540	981	8/20 12	41.6	15.12	8/21 13	23.3	8.514
8/19 12	1690	761.4	8/20 13	40.9	14.85	8/21 14	22.5	8.244
8/19 13	868	460.44	8/20 14	40.2	14.598	8/21 15	21.8	7.974
8/19 14	361	221.22	8/20 15	39.4	14.328	8/21 16	21.1	7.722
8/19 15	170	95.58	8/20 16	38.7	14.058	8/21 17	20.3	7.452
8/19 16	90.7	46.926	8/20 17	38	13.806	8/21 18	19.6	7.182
8/19 17	61	27.306	8/20 18	37.2	13.536	8/21 19	19.5	7.038
8/19 18	52	20.34	8/20 19	36.5	13.266	8/21 20	19.5	7.02
8/19 19	49.9	18.342	8/20 20	35.8	13.014	8/21 21	19.4	7.002
8/19 20	50.3	18.036	8/20 21	35	12.744	8/21 22	19.3	6.966
8/19 21	52.6	18.522	8/20 22	34.3	12.474	8/21 23	19.2	6.93
8/19 22	51.9	18.81	8/20 23	33.6	12.222	8/22 0	19.2	6.912
8/19 23	51.2	18.558	8/21 0	32.8	11.952	8/22 1	19.1	6.894
8/20 0	50.4	18.288	8/21 1	32.1	11.682	8/22 2	19.0	6.858

时间 (月/日 h)	流量 /(m³/s)	时段 洪量 /万 m³	时间 (月/日 h)	流量 /(m³/s)	时段 洪量 /万 m³	时间 (月/日 h)	流量 /(m³/s)	时段 洪量 /万 m³
8/22 3	18.9	6.822	8/22 16	17.9	6.462	8/23 5	16.4	5.922
8/22 4	18.9	6.804	8/22 17	17.8	6.426	8/23 6	16.3	5.886
8/22 5	18.8	6.786	8/22 18	17.7	6.39	8/23 7	16.2	5.85
8/22 6	18.7	6.75	8/22 19	17.6	6.354	8/23 8	16.1	5.814
8/22 7	18.7	6.732	8/22 20	17.5	6.318	8/23 9	15.9	5.76
8/22 8	18.5	4.542	8/22 21	17.4	6.282	8/23 10	15.8	5.706
8/22 9	18.4	6.642	8/22 22	17.2	6.228	8/23 11	15.7	5.67
8/22 10	18.4	6.624	8/22 23	17.1	6.174	8/23 12	15.6	5.634
8/22 11	18.3	6.606	8/23 0	17	6.138	8/23 13	15.5	5.598
8/22 12	18.2	6.57	8/23 1	16.9	6.102	8/23 14	15.4	5.562
8/22 13	18.1	6.534	8/23 2	16.8	6.066	8/23 15	15.2	5.508
8/22 14	18.1	6.516	8/23 3	16.7	6.03	8/23 16	15.1	5.454
8/22 15	18	6.498	8/23 4	16.5	5.976	8/23 17	15.0	5.418

6.4.3　水库调洪计算

金田水库水位—库容—面积—泄量见表 6-7。金田水库汛限水位控制见表 6-8。

表 6-7　　金田水库水位—库容—面积—泄量表

水位 /m	库容 /万 m³	面积 /km²	泄量/(m³/s)			
			溢洪道	输水管（2.2）	输水管（1.4）	总计
62.9	20	0.20				
64.9	65	0.25				
66.9	119	0.29				
68.9	183	0.35				
70.9	260	0.42			8.00	8.00

续表

水位 /m	库容 /万 m³	面积 /km²	泄量/(m³/s)			
			溢洪道	输水管(2.2)	输水管(1.4)	总计
72.9	351	0.49			7.09	7.09
74.9	455	0.55			6.41	6.41
76.9	572	0.62			5.81	5.81
78.9	703	0.69			5.31	5.31
80.9	848	0.76			4.93	4.93
82.9	1065	1.05		23.3	4.57	27.9
84.9	1302	1.33		21.7	4.26	26.0
86.9	1606	1.71		20.5	4.00	24.5
88.9	1989	2.12		19.5	3.76	23.3
90.9	2457	2.56		18.6	3.55	22.2
91.9	2725	2.79	0	18.1	3.46	21.6
92.9	3016	3.02	64.9	17.6	3.35	85.9
93.9	3332	3.20	181	10.7	3.27	195
94.9	3675	3.56	336	10.4	3.19	350
95.9	4045	3.85	516	10.2	3.12	529
96.9	4445	4.15	722	9.85	3.03	735
97.9	4877	4.49	936	9.63	2.96	949
98.9	5330	4.57	1180	9.30	2.90	1192
99.9	5794	4.70	1442	9.10		1451
100.9	6275	4.92	1720			1720
101.9	6788	5.32	2020			2020
102.9	7338	5.67	2322			2322

表 6-8 金田水库汛限水位控制表

开始日期	结束日期	汛限水位/m	汛限库容/百万 m³	汛期类别
1月1日	3月31日	97.9	48.77	其他
4月1日	9月30日	97.5	47.29	主汛期
10月1日	12月31日	97.9	48.77	其他

金田水库采用 50 年一遇暴雨设计，洪峰流量 2500m³/s，洪水总量 5490 万 m³，相应设计洪水位 99.76m；500 年一遇暴雨校核，校核洪峰流量 3500m³/s，洪水总量 7620 万 m³，相应校核洪水位 101.62m。水库死水位 63.44m，相应死库容 90 万 m³，总库容 6630 万 m³。水库坝顶高程、防浪墙顶高程 104m。下游安全泄量 1000m³/s，影响人口 20 万人。

依据分析的入库洪水过程，本次洪水下泄量必定会超过下游 1000m³/s 的安全泄量，结合天气云图，应在 19 日 4 时至 5 时报告，通知水库下游群众撤走，最迟 6 时必须报出。该次过程金田水库实际监测成果见表 6-9。

表 6-9 金田水库同期监测资料表

时间 （月/日 h：min）	水位 /m	蓄水量 /百万 m³	入库流量 /(m³/s)	出库流量 /(m³/s)	汛限水位 /m
8/17 8：00	94.22	34.8	16	11	
8/18 8：00	94.92	37.3	38.6	9.58	
8/19 8：00	97.65	47.9	133	10.7	
8/20 8：00	96.17	—	—	—	97.5
8/21 8：00	93.4	36	33	87	
8/22 8：00	95.3	38.7	139	107	
8/23 8：00	93.93	33.8	53.4	110	

按照此次入库洪水分析结果和下游防洪安全要求，本场次洪水已达到十分严峻考验时的调度演算，具体调洪演算建议成果见表 6-10。

表 6 - 10　　　　　　　　金田演算成果表

时间 (年/月/日 h：min)	入库流量 /(m³/s)	出库流量 /(m³/s)	观测水位 /m	计算库 水位/m	库容 /万 m³	库容变量 /万 m³
2013/8/17 8：00	16	11	94.22	94.22	3480	
2013/8/18 8：00	38.6	9.58	94.92	94.84	3538	58.06
2013/8/19 0：00	43.8	10		94.77	3629	90.5
2013/8/19 1：00	50.3	10		94.81	3642	13.3
2013/8/19 2：00	74.6	10		94.81	3661	18.9
2013/8/19 3：00	110	10		94.91	3690	29.6
2013/8/19 4：00	323	10		95.15	3765	74.4
2013/8/19 5：00	633	10		95.60	3933	168.5
2013/8/19 6：00	1010	10		96.36	4225	292.1
2013/8/19 7：00	1600	10		97.48	4692	466.2
2013/8/19 8：00	2200	10	97.65	98.99	5372	680.4
2013/8/19 9：00	2720	1000		100.50	6076	703.8
2013/8/19 10：00	2910	1000		101.79	6729	653.4
2013/8/19 11：00	2540	1900		102.63	7188	459.0
2013/8/19 12：00	1690	1900		102.78	7266	77.4
2013/8/19 13：00	868	1900		101.95	6819	−447.2
2013/8/19 14：00	361	1900		101.50	5893	−925.5
2013/8/19 15：00	170	1500		97.85	4860	−1032.8

6.4.4　合理性分析

根据金田水库库区白云、新安、公王坪 3 个水文站资料计算，得水库流域面平均降雨量为 323mm，由此可计算得水库流域降雨总水量为 7752 万 m³，据分析计算的入库洪水过程计算得洪水量为 6574 万 m³，计算得径流系数为 0.848，没有违反一般规律性，因此，入库洪水过程是合理可信的。

6.5　水库集水区无水雨情监测站的典型水库

库区流域内没有任何监测站点的入库洪水分析，第一步就是要选择参考站，参考站可以是雨量站，也可以是水文站，如邻近有雨量站，同时也有水文站，应优选水文站。选好参考站后，其分析计算方法和有水文站或只有雨量站情况相似。在此以南宁市天雹水库 2018 年 8 月 24 日 16 时—20 时暴雨简化计算为例。

6.5.1　水库基本情况

天雹水库位于南宁市城区边缘西北部的丘陵山区与河谷平原交界处的三瀑江流域上，主坝地理位置：东经 $108°15'$，北纬 $22°52'$，水库大坝下游为南宁市环城高速公路及南宁市的西乡塘区，距南宁市大学路 3.5km。

水库枢纽工程由主坝、东副坝、西副坝、溢洪道、放水设施以及其他附属建筑物组成。水库流域以上集雨面积为 $50.84km^2$。天雹水库上游武鸣县境内依次已建有黄道水库、那添水库、马定水库 3 座小（1）型水库，3 座水库坝址以上集雨面积分别为 $2.93km^2$、$9.02km^2$、$17.79km^2$，这 3 座水库功能定位为农业灌溉。马定—天雹坝址集雨面积为 $33.05km^2$。水库设计洪水标准为 $P=1\%$，相应水位 98.74m（黄基，下同）；校核洪水标准为 $P=0.05\%$，相应水位 99.56m。设计灌溉面积 1.9 万亩，实际灌溉面积 0.35 万亩；多年平均供水量 1.0 万 m^3/d，天雹水库一旦失事将影响下游南宁市的西乡塘区、高新区及辖区内的大专院校人口共 25 万人，耕地 2 万亩的安全。天雹水库相关特征指标见表 6-11～表 6-14 和图 6-6。

6.5.2　入库洪水分析

根据天雹水库的基本情况及场次暴雨情况，对入库洪水进行简化分析并提出建议。

表 6－11　　　　　天雹水库特征指标表

名称	单位	数值	名称	单位	数值
集雨面积	km²	50.84	防洪高水位	m	98.41
河长	km	26.2	正常蓄水位	m	96.38
河流比降	‰	6.9	汛限制水位	m	94.6
最大风速	m/s	16.9	死水位	m	82.98
多年平均降雨量	mm	1301.2	总库容	万 m³	1360
校核洪水	洪水频率	%	0.05	兴利库容	万 m³	880
校核洪水	洪峰流量	m³/s	667	调洪库容	万 m³	211
校核洪水	下泄流量	m³/s	542	死库容	万 m³	140
校核洪水	校核洪水位	m	99.56			
设计洪水	洪水频率	%	1			
设计洪水	洪峰流量	m³/s	426			
设计洪水	下泄流量	m³/s	346			
设计洪水	设计洪水位	m	98.74			

表 6－12　　　　　天雹水库不同频率洪水有关参数

频率/%	0.02	0.05	0.1	0.2	0.5	1	2	5
24h 面降雨量/mm	478.7	429.7	398.9	360.4	323.4	295	266.1	226.8
洪峰流量/(m³/s)	734	667	603	570	506	426	408	341
24h 洪量/万 m³	1976	1791	1637	1484	1280	1125	975	776
7d 洪水总量/万 m³	2668	2437	2261	2084	1847	1666	1482	1233
最大下泄流量/(m³/s)	595	542	492	463	411	346	310	276
库水位/m	99.87	99.56	99.36	99.26	99.07	98.74	98.60	98.15
相应库容/万 m³	1395	1360	1338	1326	1303	1264	1249	1202

表 6－13　　　　　天雹水库防洪调度参数及指标

指标	设计洪水（P=1%）	校核洪水（P=0.05%）	备注
洪峰流量/(m³/s)	426	667	
24h 洪量	1125 万 m³	1791 万 m³	

续表

指 标	设计洪水（P＝1%）	校核洪水（P＝0.05%）	备注
相应水位	98.74m	99.56m	
正常蓄水位	96.38m	96.38m	
防洪限制水位	94.6m	94.6m	堰顶高程
警戒水位	98.74m	98.74m	设计洪水位
预留防洪库容起止期	每年4月初至9月底		

表6-14　　　　　　天雹水库溢洪道水位—下泄流量

水位/m	下泄流量/(m³/s)	水位/m	下泄流量/(m³/s)	水位/m	下泄流量/(m³/s)	水位/m	下泄流量/(m³/s)	水位/m	下泄流量/(m³/s)
94.6	0.0	95.7	61.1	96.8	162.0	97.9	280.3	99.0	420.0
94.7	3.8	95.8	68.8	96.9	172.5	98.0	290.0	99.1	438.0
94.8	7.8	95.9	76.8	97.0	183.1	98.1	300.4	99.2	456.0
94.9	12.0	96.0	85.1	97.1	193.9	98.2	310.8	99.3	474.0
95.0	16.4	96.1	93.7	97.2	205.2	98.3	321.2	99.4	492.0
95.1	21.3	96.2	102.5	97.3	216.8	98.4	331.6	99.5	510.0
95.2	26.8	96.3	111.8	97.4	228.7	98.5	342.0	99.6	527.5
95.3	32.8	96.4	121.3	97.5	240.7	98.6	357.6	99.7	545.0
95.4	39.3	96.5	131.4	97.6	250.6	98.7	373.2	99.8	562.6
95.5	46.3	96.6	141.5	97.7	260.5	98.8	388.8	99.9	580.1
95.6	53.6	96.7	151.7	97.8	270.4	98.9	404.4	100.0	597.6

根据气象监测，天雹水库2018年8月24日16时—20时降暴雨，最大1h降雨达29.5mm，累积降雨量34mm。本次降雨前期已经有2天下过一次大雨过程，但从降雨量分析可知，土壤含水量还未达到充分饱和，故径流系数取0.7，则此次降雨过程所产径流总量为

$$W=1000\alpha RF=0.1\alpha PF=0.1\times0.7\times50.84\times34=121\ 万\ m^3$$

据监测，天雹水库当时出库流量为0.3m³/s，因此其组成水

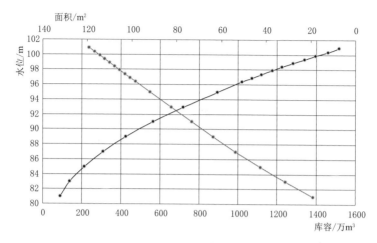

图 6-6 天雹水库水位—面积—库容关系曲线图

库最高水位部分来水量应为从入库大于 0.3m³/s 开始至入库流量消退至 0.3m³/s 时的这部分来水量，一般为 3 天左右，这部分水量约占次降雨过程所产径流总量的 30%～10%（与出库流量成正比，此次降雨过程为 10%）。8 月 24 日 8 时库水位为 92.9m，相应蓄水量为 757 万 m³，出库流量为 0.3m³/s，则降雨使水库蓄水量的增加量为：121×0.9－0.30×86400×3/10000＝113.2 万 m³，即可推求得到本次降雨过程最大蓄量为 870.2 万 m³，查库容曲线得相应水位为 94.70m。

因此，8 月 24 日 20 时，则可降雨信息预报，未来 2～3d，天雹水库最高库水位出现略超汛限 94.60m 概率大，水库维持现状放水量，预测水库最高库水位可达到 94.70m 左右。

6.5.3 合理性分析

根据天雹水库坝前水位实际资料记载，2018 年 8 月 26 日 8 时，坝前水位最高为 94.82m，与前期预测最高水位 94.70m，仅相差 0.12m，可见预报效果是比较准确的。

对于集水区无水雨情监测站的小型水库，可参照上述天雹水库的降雨简化分析法进行入库洪水分析。下面以合浦县小（2）型水库陈屋坑口水库 2019 年 6 月 16 日 12 时—15 时为例。

（1）水库基本情况。陈屋坑口水库位于合浦县公馆镇西部，库区处于山丘地区，地势比较高，属山丘地区小（2）型水库。坝址以上集雨面积控制面积为 0.93km²，主河道长 1.503km，平均坡降 19.6‰。水库总库容 23.26 万 m³，有效库容 14.78 万 m³。陈屋坑口水库按 10 年一遇洪水设计，50 年一遇洪水校核，相应设计洪水位为 27.20m，校核洪水位为 27.48m，正常水位为 26.32m，死水位为 21.9m。水库主要功能为灌溉，灌溉面积为 500 亩，保护下游人口 243 人。

（2）入库洪水分析。根据陈屋坑口水库的基本情况及场次暴雨情况，采用概化三角形法对入库洪水进行简化计算分析。

根据气象监测，陈屋坑口水库 2019 年 6 月 16 日 12 时—15 时降暴雨，最大 1h 降雨达 63.7mm，累积降雨量 104.3mm。本次降雨前期已经有 1 天下过一次大雨过程，但从降雨量分析可知，土壤含水量还未得到充分饱和，故径流系数取 0.7，则此次降雨过程所产径流总量为：

$$W = 1000\alpha RF = 0.1\alpha PF = 0.1 \times 0.7 \times 0.85 \times 104.3 = 6.206 \text{ 万 m}^3$$

洪峰流量为

$$Q_{\text{峰}} = 2W/t = 2 \times 10000 \times 6.206/(3 \times 3600) = 11.49 \text{m}^3/\text{s}$$

参 考 文 献

［1］ 滕培宋，刘文丽. 河库联合调度预报技术探析［J］. 广西水利水电，2016（2）：1-7.

［2］ 胡健伟，孔祥意，赵兰兰，朱冰. 防洪"四预"基本技术要求解读［J］. 水利信息化，2022（4）：13-16.

［3］ 刘文丽. 上游水库调蓄对桂林水文站洪水预报的影响分析［J］. 广西水利水电，2016，4（2）：5-9，16.

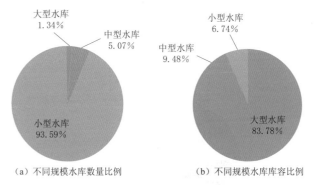

（a）不同规模水库数量比例　　　　　（b）不同规模水库库容比例

图 2-1　不同规模水库数量及库容比例

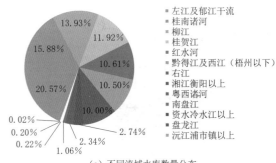

（a）不同流域水库数量分布

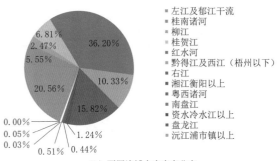

（b）不同流域水库库容分布

图 2-2　不同水资源区水库数量与库容分布

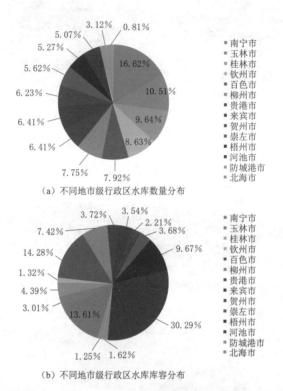

（a）不同地市级行政区水库数量分布

（b）不同地市级行政区水库库容分布

图 2-3　不同地市级行政区水库数量与库容分布

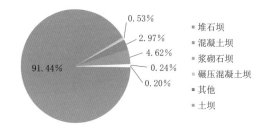

（a）不同材料挡水主坝水库数量分布

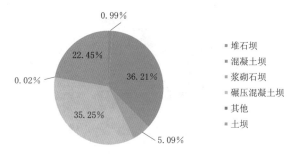

（b）不同材料挡水主坝水库库容分布

图 2-4　按材料分类的挡水主坝水库数量与库容分布

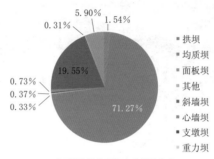

5.90%　1.54%

0.31%

拱坝

均质坝

面板坝

19.55%　　其他

0.73%

0.37%

0.33%

71.27%

斜墙坝

心墙坝

支墩坝

重力坝

（a）不同结构挡水主坝水库数量分布

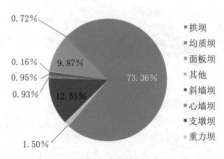

0.72%

拱坝

均质坝

面板坝

0.16%

0.95%

0.93%

9.87%

12.51%

73.36%

其他

斜墙坝

心墙坝

支墩坝

1.50%

重力坝

（b）不同结构挡水主坝水库库容分布

图 2-5　按结构分类的挡水主坝水库数量与库容分布